变电站运行与检修技术丛书

110kV 变电站
保护自动化设备
检修运维技术

丛书主编　杜晓平

本书主编　李　靖　张　良

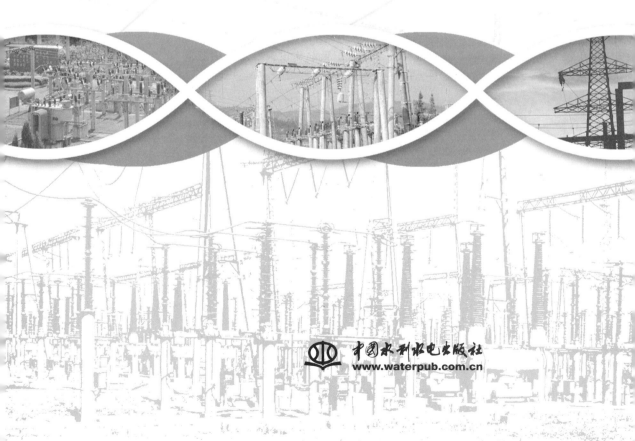

中国水利水电出版社
www.waterpub.com.cn

内 容 提 要

本书是《变电站运行与检修技术丛书》之一。本书结合电网保护及自动化系统运维检修的实际，总结归纳了多年来现场运维检修工作的宝贵经验。全书共分9章，分别介绍了110kV线路保护装置、110kV变压器微机保护装置、10kV线路（电容器）保护装置校验、备自投装置校验、低频低压解列装置校验、故障录波器、电压并列回路、二次回路和变电站自动化系统校验等内容。

本书既可作为从事变电站保护自动化运行管理、检修调试、设计施工和教学等相关人员的专业参考书和培训教材，也可作为高等院校相关专业师生的教学参考书。

图书在版编目（CIP）数据

110kV变电站保护自动化设备检修运维技术 / 李靖，
张良主编. -- 北京 : 中国水利水电出版社，2016.1(2023.2重印)
（变电站运行与检修技术丛书 / 杜晓平主编）
ISBN 978-7-5170-3975-4

Ⅰ．①1… Ⅱ．①李… ②张… Ⅲ．①变电所－变压器
保护－检修②变电所－变压器保护－运行 Ⅳ.
①TM403.5

中国版本图书馆CIP数据核字(2016)第006601号

书　　名	变电站运行与检修技术丛书 **110kV 变电站保护自动化设备检修运维技术**
作　　者	丛书主编　杜晓平 本书主编　李　靖　张　良
出版发行	中国水利水电出版社 （北京市海淀区玉渊潭南路1号D座　100038） 网址：www.waterpub.com.cn E-mail：sales@mwr.gov.cn 电话：(010) 68545888（营销中心）
经　　售	北京科水图书销售有限公司 电话：(010) 68545874、63202643 全国各地新华书店和相关出版物销售网点
排　　版	中国水利水电出版社微机排版中心
印　　刷	天津嘉恒印务有限公司
规　　格	184mm×260mm　16开本　10.5印张　249千字
版　　次	2016年1月第1版　2023年2月第2次印刷
印　　数	4001—5500册
定　　价	**68.00元**

本书编委会

主　　编　李　靖　张　良

副 主 编　李有春　李跃辉　李策策　张丹阳

参编人员（按姓氏笔画排序）

江应沪　吴乐军　傅显峰　叶加炜　韦浩洋

吴国良　施　川　单　鑫　叶　玮　梅　杰

曹旭华　朱晨皓　林　昂　盛献飞　温佶强

郭宇隽　杜浩良　黄　晖　刘乃杰　金慧波

张一航　吴雪峰

前　　言

　　全球能源互联网战略不仅将加快世界各国能源互联互通的步伐，也势必强有力地促进国内智能电网快速发展，许多电力新设备、新技术应运而生，电网安全稳定运行面临着新形势、新任务、新挑战。这对如何加强专业技术培训，打造一支高素质的电网运行、检修专业队伍提出了新要求。因此我们编写了《变电站运行与检修技术丛书》，以期指导提升变电运行、检修专业人员的理论知识水平和操作技能水平。

　　本丛书共有六个分册，分别是《110kV 变电站保护自动化设备检修运维技术》《110kV 变电站电气设备检修技术》《110kV 变电站电气试验技术》《110kV 变电站开关设备检修技术》《110kV 变压器及有载分接开关检修技术》以及《110kV 变电站变电运维技术》。作为从事变电站运维检修工作的员工培训用书，本丛书将基本原理与现场操作相结合、理论讲解与实际案例相结合，立足运维检修，兼顾安装维护，全面阐述了安装、运行维护和检修相关内容，旨在帮助员工快速准确判断、查找、消除故障，提升员工的现场作业、分析问题和解决问题能力，规范现场作业标准化流程。

　　本丛书编写人员均为从事一线生产技术管理的专家，教材编写力求贴近现场工作实际，具有内容丰富、实用性和针对性强等特点。通过对本丛书的学习，读者可以快速掌握变电站运行与检修技术，提高自己的业务水平和工作能力。

　　本书是《变电站运行与检修技术丛书》的一本，主要内容包括：110kV 线路保护装置、110kV 变压器微机保护装置、10kV 线路（电容器）保护装置校验、备自投装置校验、低频低压解列装置校验、故障录波器、电压并列回路、二次回路和变电站自动化系统校验。由于此书针对运行与检修专业的现场人员学习，故有一些惯用的旧电气符号和文字符号没有译成新的电气符号和文字符号。

在本丛书的编写过程中得到过许多领导和同事的支持和帮助，使内容有了较大改进，在此向他们表示衷心的感谢。本丛书的编写参阅了大量的参考文献，在此对其作者一并表示感谢。

由于编者水平有限，书中疏漏和不足之处在所难免，敬请广大读者批评指正。

编者

2015 年 11 月

目　　　录

第1章 110kV线路保护装置

1.1 基 础 知 识

1.1.1 工作原理

装置总启动元件的主体由反应相间工频变化量的过流继电器实现,同时又配以反应全电流的零序过流继电器和负序过流继电器互相补充;低周启动元件可经控制字选择投退。反应工频变化量的启动元件采用浮动门坎,正常运行及系统振荡时变化量的不平衡输出均自动构成自适应式的门坎,浮动门坎始终略高于不平衡输出,在正常运行时由于不平衡分量很小,而装置有很高的灵敏度。

(1)电流变化量启动。当相间电流变化量大于整定值,该元件动作并展宽7s,去开放出口继电器正电源。

(2)零序过流元件启动。当外接和自产零序电流均大于整定值,且无交流电流断线时,零序启动元件动作并展宽7s,去开放出口继电器正电源。

(3)负序过流元件启动。当负序电流大于整定值时,经40ms延时,负序启动元件动作并展宽7s,去开放出口继电器正电源。

(4)低周元件启动。当低周保护投入,系统频率低于整定值,且无低电压闭锁和滑差闭锁时,低周启动元件动作并展宽7s,去开放出口继电器正电源。

(5)低压元件启动。当低压保护投入,系统电压低于整定值,且无滑压闭锁和电压不平衡时,低压启动元件动作并展宽200ms,去开放出口继电器正电源。

(6)重合闸启动。当满足重合闸条件则展宽10min,在此时间内,若有重合闸动作则开放出口继电器正电源500ms。

1.1.2 二次基本回路

1.1.2.1 高频纵联保护

RCS-941B型装置配有由距离方向和零序方向继电器,经通道交换信号构成全线路快速跳闸的方向保护,即装置的纵联保护。

纵联距离继电器将按超范围整定的距离继电器构成方向比较元件,由低压距离继电器、接地距离继电器、相间距离继电器组成。

零序方向继电器。

纵联保护由整定控制字选择是采用超范围允许式还是闭锁式等方式。

1. 闭锁式纵联保护逻辑

一般与专用收发信机配合构成闭锁式纵联保护,位置停信、其他保护动作停信、通道交换逻辑等都由保护装置实现，这些信号都应接入保护装置而不接至收发信机，即发信或停信只由保护发信接点控制，发信接点动作即发信，不动作则为停信。

（1）故障测量程序中闭锁式纵联距离保护逻辑。闭锁式纵联保护启动后方框图见图1－1。

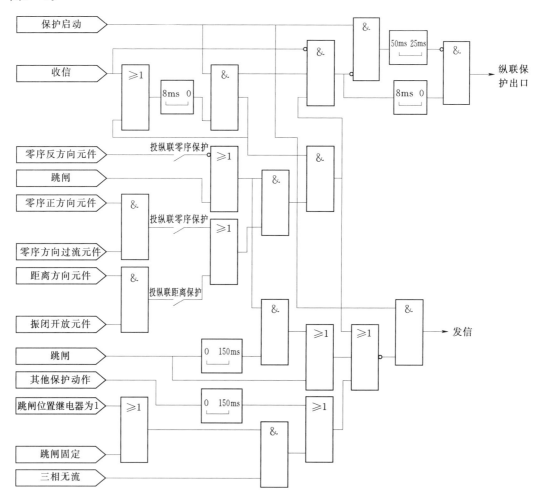

图 1－1 闭锁式纵联保护启动后方框图

具体内容如下：

1）低定值启动元件动作后启动收发信机发闭锁信号。

2）反方向元件动作时，立即闭锁正方向元件的停信回路，即方向元件中反方向元件动作优先，这样有利于防止故障功率倒方向时误动作。

3）启动元件动作后，收信8ms后才允许正方向元件投入工作，反方向元件不动作，纵联距离元件或纵联零序元件任一动作时，停止发信。

4）当本装置其他保护（如零序延时段、距离保护）动作，或外部保护（如母线差动保护）动作跳闸时，立即停止发信，并在跳闸信号返回后，停信展宽150ms，但在展宽期间若反方向元件动作，立即返回，继续发信。

5）用于弱电侧时，投入纵联反方向距离元件，当故障相或相间电压低于30V，且反方向元件不动作，则判为正方向。

6）跳闸固定回路动作或跳闸位置继电器（TWJ）动作且无流时，始终停止发信。

7）装置设有功率倒方向延时回路，当连续收信50ms以后，方向比较保护延时25ms动作。用于防止区外故障后，在断合开关的过程中，故障功率方向出现倒方向，短时出现一侧纵联距离元件未返回，另一侧纵联距离元件已动作而出现瞬时误动。

（2）正常运行程序中闭锁式纵联保护逻辑。通道试验、远方启信逻辑由本装置实现，这样进行通道试验时就把两侧的保护装置、收发信机和通道一起进行检查。与本装置配合时，收发信机内部的远方启信逻辑部分应取消。闭锁式纵联保护未启动时的方框图见图1-2。

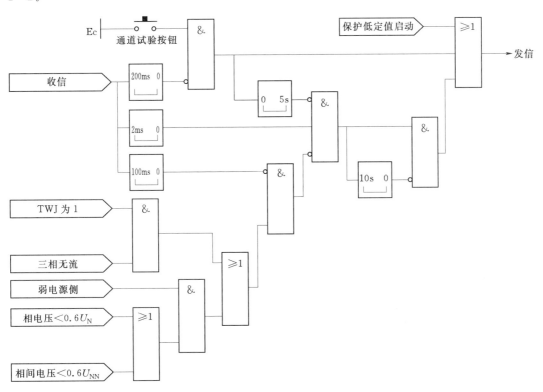

图1-2 闭锁式纵联保护未启动时的方框图

1）远方启动发信：当收到对侧信号后，如TWJ未动作，则立即发信，如TWJ动作，则延时100ms发信；当用于弱电侧，判断任一相电压低于$0.6U_N$或相间电压低于$0.6U_N$时，延时100ms发信，这保证在线路轻负荷，启动元件不动作的情况下，由对侧保护快速切除故障。无上述情况时则本侧收信后，立即由远方启信回路发信，10s后停信。

2）通道试验：对闭锁式通道，正常运行时需进行通道信号交换，由人工在保护屏上按下通道试验按钮，本侧发信，收信200ms后停止发信；收对侧信号达5s后本侧再次发信，10s后停止发信。

3）自动通道交换：对闭锁式通道，正常运行时的通道信号交换，也可通过整定控制字"投自动通道交换"投入自动通道交换功能，当实际时间与整定的时间定值一致时，装置自动启动通道交换试验。每天进行两次自动通道交换试验。

4）通道试验自检：保护装置可根据每次的通道试验情况（手动或自动）作出通道正常与否的判断。若通道正常，保护将自动复归收发信机信号；若通道异常或有收发信机3DB告警开入，将给出通道异常告警信号，该信号可手动复归，也可通过远方复归。

2. 允许式纵联保护逻辑

允许式纵联保护启动后方框图见图1-3。

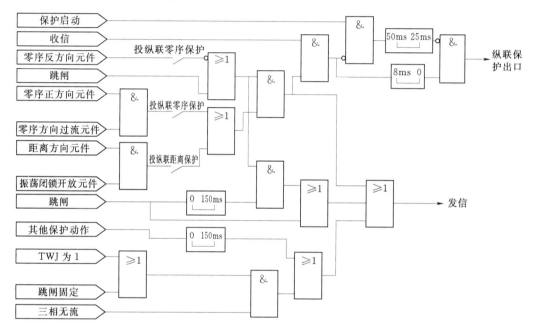

图1-3 允许式纵联保护启动后方框图

一般与载波机或光纤数字通道配合构成允许式纵联保护，位置发信、其他保护动作发信等都由保护装置实现，这些信号都应接入保护装置而不接至收发信机。

（1）故障测量程序中允许式纵联保护逻辑。

1）正方向元件动作且反方向元件不动即发允许信号，同时收到对侧允许信号达8ms后纵联保护动作。

2）如连续50ms未收到对侧允许信号，则其后纵联保护动作需经25ms延时，防止故障功率倒向时保护误动。

3）当本装置其他保护（如零序延时段、距离保护）动作跳闸，或外部保护（如母线差动保护）动作跳闸时，立即发允许信号，并在跳闸信号返回后，发信展宽150ms，但在展宽期间若反方向元件动作，则立即返回，停止发信。

4）三相跳闸固定回路动作或三相跳闸位置继电器均动作且无流时，始终发信。

（2）正常运行程序中允许式纵联保护逻辑。允许式纵联保护未启动时的方框图见图1-4。

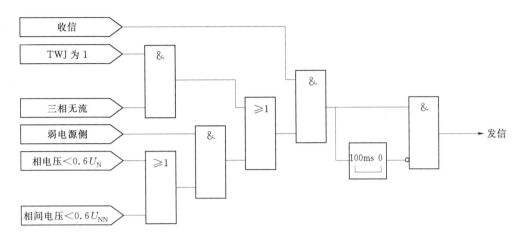

图 1-4 允许式纵联保护未启动时的方框图

当收到对侧信号后，如 TWJ 动作，则给对侧发 100ms 允许信号；当用于弱电侧，判断任一相电压低于 34.6V 或相间电压低于 60V 时，当收到对侧信号后给对侧发 100ms 允许信号，这保证在线路轻负荷，启动元件不动作的情况下，可由对侧保护快速切除故障。

1.1.2.2 距离继电器

本装置设有三阶段式相间、接地距离继电器和两个作为远后备的四边形相间、接地距离继电器。继电器由正序电压极化，因而有较大的测量故障过渡电阻的能力；当用于短线路时，为了进一步扩大测量过渡电阻的能力，还可将 Ⅰ、Ⅱ 段阻抗特性向第 Ⅰ 象限偏移；接地距离继电器设有零序电抗特性，可防止接地故障时继电器超越。正序极化电压较高时，由正序电压极化的距离继电器有很好的方向性；当正序电压下降至 10%U_N 以下时，进入三相低压程序，由正序电压记忆量极化，Ⅰ、Ⅱ 段距离继电器在动作前设置正的门坎，保证母线三相故障时继电器不可能失去方向性；继电器动作后则改为反门坎，保证正方向三相故障继电器动作后一直保持到故障切除。Ⅲ 段距离继电器始终采用反门坎，因而三相短路 Ⅲ 段稳态特性包含原点，不存在电压死区。

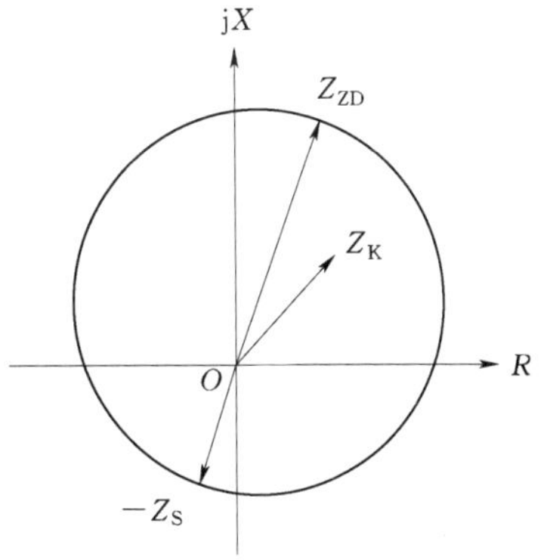

1. 低压距离继电器

当正序电压小于 10%U_N 时，进入低压距离程序。正方向故障时，低压距离继电器暂态动作特性见图 1-5。

图 1-5 正方向故障时动作特性图

Z 为保护安装处背后等值电源阻抗，测量阻抗 Z_K 在阻抗复数平面上的动作特性是以 Z_{ZD} 至 $-Z_S$ 连线为直径的圆，动作特性包含原点表明正向出口经或不经过渡电阻故障时都能正确动作，并不表示反方向故障时会误动作；反方向故障时的动作特性必须以反方向故障为前提导出。反方向故障时，测量阻抗 $-Z_K$ 在阻抗复数平面上的动作特性是以 Z_{ZD} 与 Z'_S 连线为直径的圆，见图 1-6，其中，Z'_S 为保护安装处到对侧系统的总阻抗。当 $-Z_K$ 在圆内时动作，可见，继电器有明确的方向性，不可能误判方向。以上的结论是在记忆电压消失以前，即继电器的暂态特性。当记忆电压消失后，正方向故障时，测量阻抗$-Z_K$在阻抗复数平面上的动作特性见图1-7，反方向故障时，$-Z_K$动作特性也见图1-7。由于动作特性经过原点，因此母线和出口故障时，继电器处于动作边界；为了保证母线故障，特别是经弧光电阻三相故障时不会误动作，Ⅰ、Ⅱ段距离继电器在动作前设置正的门坎，其幅值取最大弧光压降，保证母线三相故障时继电器不可能失去方向性；继电器动作后则改为反门坎，相当于将特性圆包含原点，保证正方向出口三相故障继电器动作后一直保持到故障切除。为了保证Ⅲ段距离继电器的后备性能，Ⅲ段距离继电器始终采用反门坎，因而三相短路Ⅲ段稳态特性包含原点，不存在电压死区。

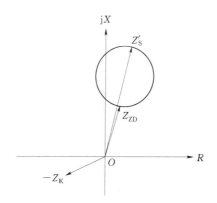

图1-6 反方向故障时的动作特性

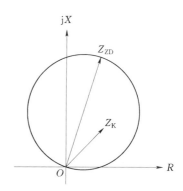

图1-7 三相短路稳态特性

2. 接地距离继电器

（1）Ⅲ段接地距离继电器。Ⅲ段接地距离继电器由阻抗圆接地距离继电器和四边形接地距离继电器相或构成，四边形接地距离继电器可作为长线末端变压器后故障的远后备。

1）阻抗圆接地距离继电器：继电器的极化电压采用当前正序电压，非记忆量，这是因为接地故障时，正序电压主要由非故障相形成，基本保留了故障前的正序电压相位，因此，Ⅲ段接地距离继电器的特性与低压时的暂态特性完全一致，见图1-5和图1-6，继电器有很好的方向性。

2）四边形接地距离继电器：四边形接地距离继电器的动作特性见图1-8中的AB-CD，Z_{ZD}为接地Ⅲ段圆阻抗定值，Z_{REC}为接地Ⅲ段四边形定值，四边形中BC段与Z_{ZD}平行，且与Ⅲ段圆阻抗相切；AD段延长线过原点偏移jX轴15°；AB段与CD段分别在$Z_{ZD}/2$和Z_{REC}处垂直于Z_{ZD}。整定四边形定值时只需整定Z_{REC}即可。

（2）Ⅰ、Ⅱ段接地距离继电器。Ⅰ、Ⅱ段接地距离继电器由方向阻抗继电器和零序电抗继电器相与构成。Ⅰ、Ⅱ段方向阻抗继电器的极化电压，较Ⅲ段增加了一个偏移角θ_1，其作用是在短线路应用时，将方向阻抗特性向第Ⅰ象限偏移，以扩大允许故障过渡电阻的能力。θ_1的整定可按0°、15°、30°三挡选择。方向阻抗与零序电抗继电器两部分结合，增强了在短线上使用时允许过渡电阻的能力。正方向故障时继电器特性见图1-9。

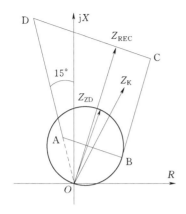

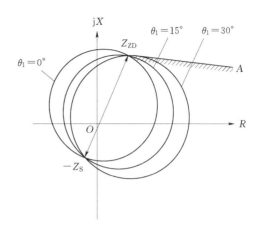

图 1-8　四边形接地距离继电器的动作特性　　　　图 1-9　正方向故障时继电器特性

3. 相间距离继电器

（1）Ⅲ段相间距离继电器。Ⅲ段相间距离继电器由阻抗圆相间距离继电器和四边形相间距离继电器相或构成，四边形相间距离继电器可作为长线末端变压器后故障的远后备。

1）阻抗圆相间距离继电器：继电器的极化电压采用正序电压，不带记忆。因相间故障其正序电压基本保留了故障前电压的相位；故障相的动作特性见图 1-5 和图 1-6，继电器有很好的方向性。三相短路时，由于极化电压无记忆作用，其动作特性为一过原点的圆，见图 1-7。由于正序电压较低时，由低压距离继电器测量，因此，这里既不存在死区也不存在母线故障失去方向性问题。

2）四边形相间距离继电器：四边形相间距离继电器动作特性同四边形接地距离继电器，见图 1-8，只是工作电压和极化电压以相间量计算。

（2）Ⅰ、Ⅱ段相间距离继电器。Ⅰ、Ⅱ段相间距离继电器由方向阻抗继电器和电抗继电器相与构成。Ⅰ、Ⅱ段方向阻抗继电器的极化电压与接地距离Ⅰ、Ⅱ段一样，较Ⅲ段增加了一个偏移角 θ_2，其作用也是为了在短线路使用时增加允许过渡电阻的能力。θ_2 的整定可按 0°、15°、30°三挡选择。方向阻抗与电抗继电器两部分结合，增强了在短线上使用时允许过渡电阻的能力。

4. 振荡闭锁

装置的振荡闭锁分三个部分，任意一个元件动作开放保护。

（1）启动开放元件。启动元件开放瞬间，若按躲过最大负荷整定的正序过流元件不动作或动作时间尚不到 10ms，则将振荡闭锁开放 160ms。该元件在正常运行突然发生故障时立即开放 160ms，当系统振荡时，正序过流元件动作，其后再有故障时，该元件已被闭锁，另外当区外故障或操作后 160ms 再有故障时也被闭锁。

（2）不对称故障开放元件。不对称故障时，振荡闭锁回路还可由对称分量元件开放。

（3）对称故障开放元件。在启动元件开放 160ms 以后或系统振荡过程中，如发生三相故障，则上述两项开放措施均不能开放振荡闭锁，本装置中另设置了专门的振荡判别元件，即测量振荡中心电压：$U_{os}=U_N\cos\theta$ 为正序电压，θ 是正序电压和电流之间的夹角。在系统正常运行或系统振荡时，$U_N\cos\theta$ 反应振荡中心的正序电压；在三相短路时，

$U_N\cos\theta$ 为弧光电阻上的压降，三相短路时过渡电阻是弧光电阻，弧光电阻上压降小于 $5\%U_N$。本装置采用的动作判据分两部分：$-0.03U_N<U_{os}<0.08U_N$，延时 150ms 开放；$-0.1U_N<U_{os}<0.25U_N$，延时 500ms 开放。

5. 距离保护逻辑

距离保护动作逻辑图见图 1-10。保护启动时，如果按躲过最大负荷电流整定的振荡闭锁过流元件尚未动作或动作不到 10ms，则开放振荡闭锁 160ms，另外不对称故障开放元件、对称故障开放元件任一元件开放则开放振荡闭锁；用户可选择"投振荡闭锁"去闭锁 Ⅰ、Ⅱ 段距离保护，否则距离保护 Ⅰ、Ⅱ 段不经振荡闭锁而直接开放。

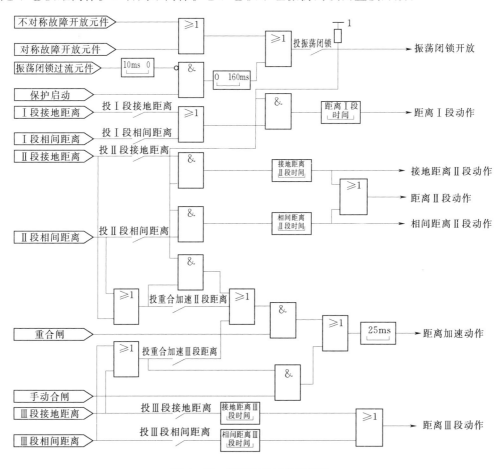

图 1-10 距离保护动作逻辑图

（1）合闸于故障线路时加速跳闸有两种方式：一是受振闭控制的 Ⅱ 段距离继电器在合闸过程中加速跳闸；二是在合闸时，还可选择"投重合加速 Ⅱ 段距离"、"投重合加速 Ⅲ 段距离"、由不经振荡闭锁的 Ⅱ 段或 Ⅲ 段距离继电器加速跳闸，手动合闸时总是加速 Ⅲ 段距离。

（2）对 RCS-941J 型保护，用户可经控制字"投前加速接地 Ⅱ 段""投前加速相间 Ⅱ 段"独立地对相间距离 Ⅱ 段或接地距离 Ⅱ 段实现前加速，其投入标志为重合闸充电。用户可经控制字"投振荡闭锁"选择距离 Ⅱ 段前加速是否受振荡闭锁控制。

1.1.2.3 零序过流保护

零序过流保护动作逻辑图见图 1-11。

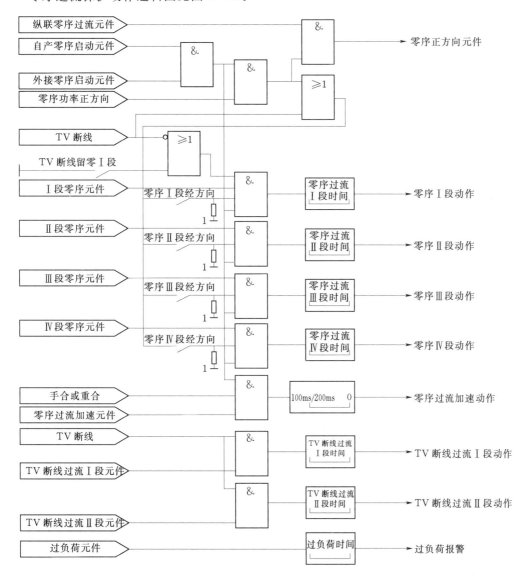

图 1-11 零序过流保护动作逻辑图

（1）本装置设置了 4 个带延时段的零序方向过流保护，各段零序可由用户选择经或不经方向元件控制。在 TV 断线时，零序Ⅰ段可由用户选择是否退出；4 段零序过流保护均不经方向元件控制。

（2）所有零序电流保护都受启动过流元件控制，因此各零序电流保护定值应大于零序启动电流定值。纵联零序反方向的电流定值固定取零序启动过流定值，而纵联零序正方向的电流定值取零序方向比较过流定值。

（3）当最小相电压小于 $0.8U_N$ 时，零序加速延时为 100ms，当最小相电压大于

$0.8U_N$ 时，加速时间延时为 200ms，其过流定值用零序过流加速段定值。

（4）TV 断线时，本装置自动投入两段相过流元件，两个元件延时段可分别整定。

1.1.2.4 不对称相继速动保护

不对称故障时，利用近故障侧切除后负荷电流的消失，可以实现不对称故障时相继跳闸。当线路末端不对称故障时，N 侧 I 段动作快速切除故障，由于三相跳闸，非故障相电流同时被切除，M 侧保护测量到任一相负荷电流突然消失，而 II 段距离元件连续动作不返回时，将 M 侧开关不经 II 段延时即跳闸，将故障切除。

1.1.2.5 双回线相继速动保护

RCS-941B 由于有纵联保护，所以没有设置该功能，仅 RCS-941A（D、J、S、AQ）具有此功能。两条线路中的 III 段距离元件动作或其他保护跳闸时，输出 FXJ 信号分别闭锁另一回线 II 段距离相继速跳元件。

1.1.2.6 低周保护

当三相均有流，系统频率低于整定值，且无低电压闭锁和滑差闭锁时，经整定延时，低周保护动作，低电压以相间电压为判据。低周保护方框图见图 1-12。

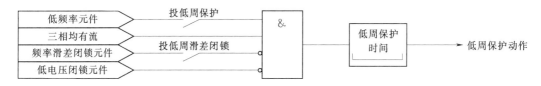

图 1-12　低周保护方框图

1.1.2.7 低压保护

当三相均有流，三相相间电压均低于整定值，三相电压平衡，且无低电压闭锁和滑压（du/dt）闭锁时，经整定延时，低压保护动作，低电压以相间电压为判据。

1.1.2.8 跳闸逻辑

跳闸逻辑方框图见图 1-13。以南端继保公司 RCS 系列保护装置为例，具体如下：

（1）图 1-13 中虚线框部分的功能不是所有低压保护均具备的。当用于 RCS-941A（D、J、S、AQ、AU、DU）时为双回线相继速动；当用于 RCS-941B 时为纵联距离和纵联零序。

（2）采用三相跳闸方式，任何故障跳三相。

（3）严重故障如手合或合闸于故障线路跳闸时闭锁重合闸，低周保护动作时闭锁重合闸。RCS-941AU 和 RCS-941DU 低压保护动作时亦闭锁重合闸。RCS-941J 若前加速功能投入，则距离前加速不闭锁重合闸，而手合或重合闸于故障线路跳闸时（即距离后加速）闭锁重合闸。

（4）TV 断线时跳闸可由用户经控制字"TV 断线闭锁重合闸"选择是否闭锁重合闸；两相及以上故障跳闸时可由用户经控制字"多相故障闭重"选择是否闭锁重合闸；零序 III 段、IV 段跳闸、距离 III 段跳闸可由用户经控制字"III 段及以上闭锁重合闸"选择是否闭锁重合闸。

（5）对 RCS-941AZ，当"投保护启动重合"控制字置"0"时，保护动作闭锁重

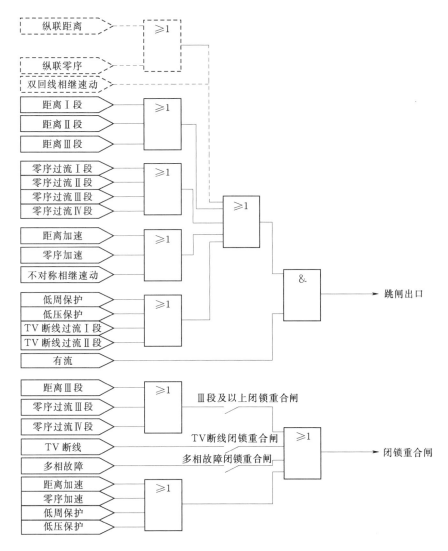

图 1-13 跳闸逻辑方框图

合闸。

1.1.2.9 重合闸

重合闸逻辑方框图见图 1-14。

（1）本装置重合闸为三相一次重合闸方式，可根据故障的严重程度引入闭锁重合闸的方式。

（2）三相电流全部消失时跳闸固定动作。

（3）重合闸退出指定值中重合闸投入控制字置"0"。

（4）重合闸充电在正常运行时进行，重合闸投入、无TWJ、无控制回路断线、无TV断线或虽有TV断线但控制字"TV断线闭锁重合闸"置"0"，经10s后充电完成。

（5）重合闸由独立的重合闸启动元件来启动。当保护跳闸后或开关偷跳均可启动重合闸。

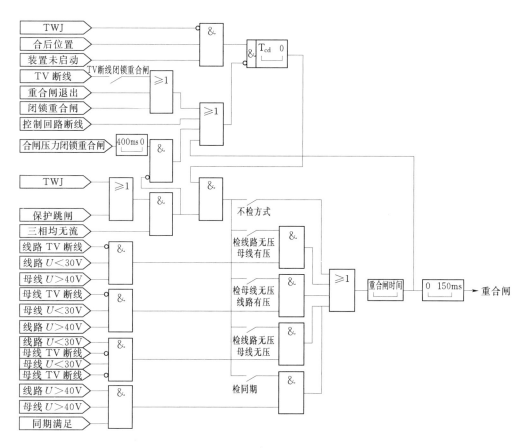

图 1 – 14　重合闸逻辑方框图

（6）重合方式可选用检线路无压母线有压重合闸、检母线无压线路有压重合闸、检线路无压母线无压重合闸、检同期重合闸，也可选用不检而直接重合闸方式。检线路无压母线有压时，检查线路电压小于 30V 且无线路 TV 断线，同时三相母线电压均大于 40V 时，检线路无压母线有压条件满足，而不管线路电压用的是相电压还是相间电压；检母线无压线路有压时，检查三相母线电压均小于 30V 且无母线 TV 断线，同时线路电压大于 40V 时，检母线无压线路有压条件满足；检线路无压母线无压时，检查三相母线电压均小于 30V 且无母线 TV 断线，同时线路电压小于 30V 且无线路 TV 断线时，检线路无压母线无压条件满足；检同期时，检查线路电压和三相母线电压均大于 40V 且线路电压和母线电压间的相位在整定范围内时，检同期条件满足。正常运行时测量线路电压 U_x 与母线电压 U_A 之间的相位差，与定值中的固定角度差定值比较，若两者的角度差大于 10°，则经 500ms 报"角差整定异常"告警。

（7）重合闸条件满足后，经整定的重合闸延时，发重合闸脉冲 150ms。

1.1.2.10　正常运行程序

（1）检查开关位置状态。三相无电流，同时跳闸位置继电器 TWJ 动作，则认为线路不在运行，开放准备手合于故障 400ms；线路有电流但跳闸位置继电器 TWJ 动作，经 10s 延时报跳闸位置继电器 TWJ 异常。

（2）控制回路断线。跳闸位置继电器 TWJ 和合闸位置继电器 HWJ 均不动作，经 500ms 延时报控制回路断线。控制回路断线则重合闸放电。

（3）交流电流断线（始终计算）。自产零序电流小于 0.75 倍的外接零序电流，或外接零序电流小于 0.75 倍的自产零序电流，延时 200ms 发 TA 断线异常信号；有自产零序电流而无零序电压，则延时 10s 发 TA 断线异常信号。

（4）交流电压断线。三相电压向量和大于 8V，保护不启动，延时 1.25s 发 TV 断线异常信号；正序电压小于 33V 时，当任一相有流元件动作或跳闸位置继电器 TWJ 不动作时，延时 1.25s 发 TV 断线异常信号。TV 断线信号动作的同时，退出纵联距离、纵联零序和距离保护，自动投入两段 TV 断线相过流保护，零序过流元件退出方向判别，零序过流 I 段可经控制字选择是否退出。TV 断线时可经控制字选择是否闭锁重合闸。TV 断线相过流保护受距离压板的控制。三相电压正常后，经 10s 延时 TV 断线信号复归。对 RCS-941AZ 保护装置，当屏上"TV 检修"硬压板和软压板"投 TV 检修压板"均投入时，无论母线 TV 是否断线，均报"TV 断线"，面板"TV 断线"灯亮，但 BJJ 告警接点不闭合。其处理原则同 TV 断线，即报 TV 断线信号的同时，退出距离保护，自动投入两段 TV 断线相过流保护，零序过流元件退出方向判别，零序过流 I 段可经控制字选择是否退出。TV 断线时可经控制字选择是否闭锁重合闸。TV 断线相过流保护受距离压板或"TV 检修"压板的控制。

1.2 保护装置校验

1.2.1 校验工作的基本要求

工作前的准备如下：

（1）检修作业前 3 天做好检修准备工作，并在检修作业前 2 天提交相关停役申请。准备工作包括检查设备状况、反措计划的执行情况及设备的缺陷等。

（2）根据本次校验的项目，组织作业人员学习作业指导书，使全体作业人员熟悉作业内容、进度要求、作业标准、安全注意事项。要求所有工作人员都明确本次校验工作的内容、进度要求、作业标准及安全注意事项。

（3）明确工作人员分工，针对技术负责、仪器仪表管理、图纸资料管理、专责安全监护人员等进行指定和明确。

（4）梳理待检修设备存在的缺陷以及以往缺陷统计，配合检修进行消缺。

（5）开工前 1 天，准备好作业所需仪器仪表、相关材料、工器具。要求仪器仪表、工器具应试验合格，满足本次作业的要求，材料应齐全。

1）仪器仪表主要有：绝缘电阻表、继电保护三相校验装置，钳形相位表、V-A 特性测试仪、电流互感器变比测试仪等。

2）工器具主要有：个人工具箱、计算器、电烙铁等。

3）相关材料主要有：绝缘胶布、自黏胶带、电缆、导线、小毛巾、焊锡丝、松香、中性笔、口罩、手套、毛刷、逆变电源插件等相关备件，根据实际需要确定。

（6）最新整定单、相关图纸、上一次试验报告、本次需要改进的项目及相关技术资料。要求图纸及资料应与现场实际情况一致。主要的技术资料有：电压并列装置图纸、电压并列装置技术说明书、电压并列装置使用说明书、电压并列装置校验规程。

（7）根据现场工作时间和工作内容填写工作票（第一种工作票应在开工前一天交值班员）工作票应填写正确，并按《国家电网公司电力安全工作规程（变电部分)》执行。

1.2.2 工作前的安全注意事项

1. 防止人身触电

（1）误入带电间隔。控制措施：工作前应熟悉工作地点、带电部位。检查现场安全围栏、安全警示牌和接地线等安全措施。

（2）接、拆低压电源。控制措施：必须使用装有漏电保护器的电源盘。螺丝刀等工具金属裸露部分除刀口外包绝缘。接拆电源时至少有两人执行，必须在电源开关拉开的情况下进行。临时电源必须使用专用电源，禁止从运行设备上取得电源。

（3）保护调试及整组试验。控制措施：工作人员之间应互相配合，确保一次、二次回路上无人工作。传动试验必须得到值班员许可并配合。

2. 防止机械伤害

机械伤害主要指坠落物打击。控制措施：工作人员进入工作现场必须戴安全帽。

3. 防止高空坠落

高空坠落主要指在断路器或电流互感器上工作。控制措施：正确使用安全带，鞋子应防滑。必须系安全带，上下断路器或电流互感器本体由专人监护。

4. 防"三误"事故的安全技术措施

（1）现场工作前必须做好充分准备，内容包括：

1）了解工作地点一次、二次设备运行情况，本工作与运行设备有无直接联系。

2）工作人员明确分工并熟悉图纸与检验规程等有关资料。

3）应具备与实际状况一致的图纸、上次检验记录、最新整定单、检验规程、合格的仪器仪表、备品备件、工具和连接试验线。

4）工作前认真填写安全措施票，并经技术负责人认真审批。

5）工作开工后先执行安全措施票，由工作负责人负责做的每一项措施要在"执行"栏作标记，校验工作结束后，要持此票回复所做的安全措施，以保证完全恢复。

6）不允许在未停用的保护装置上进行试验和其他测试工作；也不允许在保护未停用的情况下用装置的试验按钮做试验。

7）只能用整组试验的方法，即由电流及电压端子通入与故障情况相符的模拟故障量，检查保护回路及整定值的正确性。不允许用其他人为手段做保护装置的整组试验。

8）在校验继电保护及二次回路时，凡与其他运行设备二次回路相连的压板和接线应有明显标记，并按安全措施票仔细地将有关回路断开或短路，做好记录。

9）在清扫运行中设备和二次回路时，应认真仔细，并使用绝缘工具（毛刷、吹风机等），特别注意防止振动，防止误碰。

10）严格执行风险分析卡和继电保护作业指导书。

（2）现场工作应按图纸进行，严禁凭记忆作为工作的依据。如发现图纸与实际接线不符时，应查线核对。需要改动时，必须履行如下程序：

1）先在原图上做好修改，经主管继电保护部门批准。

2）拆动接线前先要与原图核对，接线修改后要与新图核对，并及时修改底图，修改运行人员及有关各级继电保护人员的图纸。

3）改动回路后，严防寄生回路存在，没用的线应拆除。

4）在变动二次回路后，应进行相应的逻辑回路整组试验，确认回路极性及整定值完全正确。

（3）保护装置调试的定值，必须根据最新整定单规定，先核对通知单与实际设备是否相符，（包括保护装置型号、被保护设备名称、互感器接线、变比等）。定值整定完毕要认真核对，确保正确。

5．其他危险点及控制措施

（1）保护室内使用无线通信设备，易造成其他正在运行的保护设备不正确动作。控制措施：不在保护室内使用无线通信设备，尤其是对讲机。

（2）为防止一次设备试验影响二次设备，试验前应断开保护屏电流端子连接片，并对外侧端子进行绝缘，处理。

（3）电压小母线带电易发生电压反送事故或引起人员触电。控制措施：断开交流二次电压引入回路，并用绝缘胶布对所拆线头实施绝缘包扎，带电的回路应尽量留在端子上防止误碰。

（4）带电插拔插件，易造成集成块损坏。频繁插拔插件，易造成插件插头松动。控制措施：插件插拔前关闭电源。

（5）需要对一次设备进行试验时，如开关传动、TA极性试验等，应提前与一次设备检修人员进行沟通，避免发生人身伤害和设备损坏事故。

（6）部分带电回路可能引起工作中的短路或接地，或导致运行设备受到影响，这些回路应该在试验前断开或进行可靠隔离。

1.2.3　110kV 线路保护装置试验方法

1.2.3.1　试验注意事项

（1）试验前请仔细阅读本试验大纲及有关说明书。

（2）尽量少拔插装置模件，不触摸模件电路，不带电插拔模件。

（3）使用的电烙铁、示波器必须与屏柜可靠接地。

（4）试验前应检查屏柜及装置在运输中是否有明显的损伤或螺丝松动。特别是 TA 回路的螺丝及连片。不允许有丝毫松动的情况。

（5）校对程序校验码及程序形成时间。

1.2.3.2　交流回路校验

进入"保护状态"菜单中的"DSP 采样值"子菜单，在保护屏端子上分别加入额定的电压、电流量，在液晶显示屏上显示的采样值应与实际加入量相等，其误差应小于±5%。

1.2.3.3 输入接点检查

进入"保护状态"菜单中的"开入状态"子菜单，在保护屏上分别进行各接点的模拟导通，在液晶显示屏上显示的开入量状态应有相应改变。

1.2.3.4 整组试验

试验前整定压板定值中的内部压板控制字"投闭锁重合压板"置0，其他内部保护压板投退控制字均置1，以保证内部压板有效，试验中仅靠外部硬压板投退保护。试验时必须接入零序电流，在做反方向故障时，应保证所加故障电流 $I < Z_{ZD1}$，U_N 为额定电压，Z_{D1} 为阻抗 I 段定值。

1. 纵联距离保护（RCS-941B 以闭锁式为例）

（1）将收发讯机整定在"负载"位置，或将本装置的发信输出接至收信输入构成自发自收。

（2）仅投主保护压板。

（3）整定保护定值控制字中"投纵联距离保护"置1、"允许式通道"置0、"投重合闸"置1、"投重合闸不检"置1。

（4）等保护充电，直至"充电"灯亮。

（5）加故障电流 $I = 5A$，故障电压 $U_F = 0.95 I Z_F$（Z_F 为距离方向阻抗定值）分别模拟单相接地、两相和三相正方向瞬时故障。

（6）装置面板上相应跳闸灯亮，液晶上显示"纵联距离保护"，动作时间为 15～30ms。

（7）模拟上述反方向故障，纵联保护不动作。

2. 纵联零序保护（RCS-941B）

（1）将收发讯机整定在"负载"位置，或将本装置的发信输出接至收信输入构成自发自收。

（2）投主保护压板。

（3）投任一段零序过流压板或保护定值控制字中"投纵联距离保护"置1。

（4）整定保护定值控制字中"投纵联零序方向"置1、"允许式通道"置0、"投重合闸"置1、"投重合闸不检"置1。

（5）等保护充电，直至"充电"灯亮。

（6）加故障电压 30V，故障电流大于零序方向过流定值，模拟单相接地正方向瞬时故障。

（7）装置面板上相应跳闸灯亮，液晶上显示"纵联零序保护"，动作时间为 15～30ms。

（8）模拟上述反方向故障，纵联保护不动作。

3. 距离保护

（1）仅投距离保护压板。

（2）整定保护定值控制字中"投 I 段接地距离"置1、"投 I 段相间距离"置1、"投重合闸"置1、"投重合闸不检"置1。

（3）等保护充电，直至"充电"灯亮。

（4）加故障电流 $I=5A$，故障电压 $U=0.95IZ_D$（Z_D 为距离Ⅰ段阻抗定值）模拟三相正方向瞬时故障，装置面板上相应灯亮，液晶上显示"距离Ⅰ段动作"，动作时间为 $10\sim 30ms$，动作相为"ABC"。

（5）加故障电流 $I=5A$，故障电压 $U=0.95(1+K)IZ_{D1}$（K 为零序补偿系数）模拟单相接地正方向瞬时故障，装置面板上相应灯亮，液晶上显示"距离Ⅰ段动作"，动作时间为 $10\sim 30ms$。

（6）同（1）～（5）条分别校验Ⅱ、Ⅲ段距离保护，注意加故障量的时间应大于保护定值时间。

（7）加故障电流 20A，故障电压 0，分别模拟单相接地、两相和三相反方向故障，距离保护不动作。

对 RCS-941J 型保护，当距离Ⅱ段前加速功能投入，进行前加速逻辑校验时，必须带开关进行试验；当前加速功能不投时，可只带合位进行各项试验。

4. 零序过流保护

（1）仅投零序保护Ⅰ段压板。

（2）整定定值控制字中"投Ⅰ段零序方向"置1、"投重合闸"置1、"投重合闸不检"置1。

（3）等保护充电，直至"充电"灯亮。

（4）加故障电压 30V，故障电流 $1.05I_{01ZD}$（其中 I_{01ZD} 为零序过流Ⅰ段定值），模拟单相正方向故障，装置面板上相应灯亮，液晶上显示"零序过流Ⅰ段"。

（5）加故障电压 30V，故障电流 $0.95I_{01ZD}$，模拟单相正方向故障，零序过流Ⅰ段保护不动。

（6）加故障电压 30V，故障电流 $1.2I_{01ZD}$，模拟单相反方向故障，零序过流保护不动。

（7）同1～6条分别校验Ⅱ、Ⅲ、Ⅳ段零序过流保护，注意加故障量的时间应大于保护定值时间。

5. 低周保护

（1）仅投低周保护压板（RCS-941AU 和 RCS-941DU 中为"低周低压压板"）。

（2）整定保护定值控制字中"投低周保护"置1；"投重合闸"置1、"投重合闸不检"置1。

（3）加三相对称电压（3个相间电压均应大于低周低压闭锁定值）、三相电流（均应大于 $0.06I_N$）模拟正常系统状态，等保护充电，直至"充电"灯亮。

（4）模拟系统频率平滑降低至低周保护低频定值（误差不超过 $0.03Hz$），装置面板上相应跳闸灯亮，"充电"灯灭（低周保护动作闭锁重合闸），液晶上显示"低周动作"。

（5）整定保护定值控制字中"低周保护滑差闭锁"置1，重复（3）～（4）步，当试验所加滑差小于低周滑差闭锁定值时，保护开放低周保护；当试验所加滑差大于低周滑差闭锁定值时，保护应可靠闭锁低周保护。试验所测滑差精度与所用试验仪的调频步长和算法有关，RT-1试验仪的滑差误差小于 $0.1Hz/s$，实际系统中频率为连续平滑变化，精度将更高。

6. 低压保护

（1）仅投低周低压保护压板。

（2）整定保护定值控制字中"投Ⅰ段低压保护"置1，"投Ⅱ段低压保护"置1；"投重合闸"置1、"投重合闸不检"置1。

（3）加三相对称电压（三个相间电压均应大于50V）、三相电流（均应大于$0.06I_N$）模拟正常系统状态，等保护充电，直至"充电"灯亮。

（4）模拟三相系统电压同时平滑降低至低压保护Ⅰ段定值，加故障量时间大于整定时间，加量至装置面板上相应跳闸灯亮，"充电"灯灭（低压保护动作闭锁重合闸），液晶上显示"低压保护Ⅰ段动作"。

（5）同（1）~（4）条校验Ⅱ段低压保护，注意加故障量的时间应大于保护定值时间。

7. 高频通道联调

（1）将两侧保护装置及收发信机电源打开，收发信机整定在通道位置，投主保护、距离保护、零序过流保护压板，合上断路器。

（2）通道试验。按保护屏上的"通道试验"按钮，本侧立即发信，连续发200ms后停信，对侧收信经远方起信回路向本侧连续发信10s后停信，本侧连续收信5s后，本侧再次发信10s后停信。

（3）故障试验。加故障电压0，故障电流10A，模拟各种正方向故障，纵联保护应不动作，关掉对侧收发信机电源，加上述故障量，纵联保护应动作。

1.2.3.5 输出接点检查

（1）关闭装置电源，闭锁接点闭合，装置处于正常运行状态，闭锁接点断开。

（2）当装置TV断线时，所有报警接点应闭合。

（3）断开保护装置的出口跳闸回路，投入主保护（B型）、距离保护、零序过流保护压板，加故障电压0，故障电流10A，模拟ABC三相故障，此时发信接点、跳闸接点应由断开变为闭合。

（4）断开保护装置的出口跳闸回路，投入主保护（B型）、距离保护、零序过流保护压板，重合闸整定在"不检"方式，等重合闸充电完成后加故障电压0，故障电流10A，模拟ABC三相故障，当保护重合闸动作时，合闸接点应由断开变为闭合。

（5）断开保护装置的出口跳闸回路，投入相电流过负荷控制字，加负荷电流大于过负荷定值，模拟线路过负荷，过负荷接点应由断开变为闭合。

1.2.3.6 打印动作报告

可通过菜单或屏上按钮打印动作报告，屏上按钮只可打印最后一次动作报告，一次完整的动作报告包括以下内容：

（1）动作事件报告。

（2）装置启动时的开入量。

（3）装置启动过程中自检和开入量的变位。

（4）COMTRADE兼容的故障录波波形。

（5）保护动作时的定值。

1.3 典型缺陷处理分析

1.3.1 线路保护运行灯灭（闪烁）

1. 适用范围

线路保护装置。

2. 缺陷现象

线路保护装置运行灯灭。

3. 安全注意事项

首先应根据装置报文判断告警原因。当报文中存在程序出错信息时，保护装置实际是被闭锁的，应立即将保护改信号。工作前将保护改信号，防止在消缺时发生保护误出口的事故。若没有异常报文，工作前可不采取将保护改信号的措施。

4. 缺陷原因诊断及分析

装置运行灯灭，故障原因主要有装置电源插件故障、面板故障、程序出错等。

检查判断故障点：若装置输入直流电压正常而输出不正常，则可判断为电源插板故障；若装置直流电源输入、输出均正常，则可以判断仅为面板故障引起；若装置电源插件、面板均正常，则可以判断可能为 CPU 插件故障引起运行灯闪烁。

5. 缺陷处理

（1）电源插件故障。工作前将保护改信号装置。断开保护装置直流电源，检查电源插件外观是否存在明显的故障点，使用转接插件，通电检查电源插件的输出电压是否正常。检查时应注意，使用万用表测量电压时，应防止表棒线短路，不得带电插拔插件。

处理方案：若发现电源插件故障，应立即更换电源插件。处理完毕后恢复保护装置运行。更换电源插件后进行相应检查，确保装置恢复正常。注意：新更换的电源插件直流电源额定电压应与原保护装置的直流电源额定电压相一致；更换时应断开直流电源空开，严禁带电更换。

（2）面板故障。若装置报文没有明显出错指示，且装置面板告警灯不亮，则应检查装置面板是否存在故障，从而导致运行指示灯显示不正常。打开装置面板，查看装置面板及指示灯两端电压是否正常。注意检查时，应避免引起直流短路、表棒线搭壳等情况。

处理方案：若发现指示灯故障或面板上存在排线接触异常时，应进行更换。注意：更换面板时，需要确定面板的选型和版本是否匹配，防止因面板不匹配导致再次异常；更换面板后，为防止地址冲突，应先对新面板的通信地址、通信串口设置按原面板的参数进行设置，然后方可恢复通信线。更换后面板后，可通过键盘试验、调定值、检查采样值等操作，检查新面板功能是否正常。

（3）程序出错。当保护装置程序出错时，往往伴随着出现"告警"灯亮等现象。此时应根据告警类型，判断是否需要将保护改为信号装置。若保护被闭锁，需将保护改信号装置。

处理方案：将保护改信号装置（断开装置直流电源）后，打开装置面板，进行检查。

检查内容包括：①查看各插件是否紧固；②检查装置CPU板上各芯片是否插紧；③检查装置内部温度是否过热，否则应采取散热措施，然后合上装置直流电源，重启装置，查看能否恢复正常。若不能恢复，则判断可能为CPU插件故障，更换CPU插件，进行相应的试验检查，更换前将保护改信号装置。

1.3.2 线路保护告警无法复归

1. 适用范围

线路保护告警且不能复归。

2. 缺陷现象

线路保护装置异常，告警灯亮（或闪亮），且不能复归。

3. 安全注意事项

根据装置告警类型的不同，当发生Ⅰ类告警时且复归无效时，保护出口被闭锁，插件故障的可能性较大，需要将保护改信号装置。开入异常的情况可根据处理过程中判断的故障部位，确定是否需要将保护改信号装置。

4. 缺陷原因诊断及分析

保护装置告警的主要原因有插件故障、外部开入异常、保护通道异常等，应根据告警类型，判断是否需要将保护改信号装置，若保护被闭锁，需将保护改信号装置。如：四方保护告警分为Ⅰ类、Ⅱ类告警，Ⅰ类告警是保护装置本身元件损坏或自检出错，为严重告警，保护装置出口被闭锁；Ⅱ类告警是外部开入异常、通道异常等告警，此时保护未失去保护功能。

检查判断故障点：先查阅保护装置面板信息，若面板显示DSP出错或长时间启动，则可以判断交流回路有故障或装置硬件有故障；若面板显示开入异常，则可以判断开入二次回路有故障；若面板显示保护通道中断、误码率高等异常信息，则可以初步判断保护通道有故障。

5. 缺陷处理

（1）插件故障。观察保护液晶面板显示的报文，根据代码表查看报文显示的内容。一般情况下，显示为"设置错误"或"定值错误"时，应重新根据定值单设置，观察是否能够恢复。若无法恢复，则有可能是插件故障引起；若显示无报文，则有可能是通信面板故障或电源故障。

处理方案：首先应对保护装置进行复归处理，观察是否恢复。若保护装置设置正确，故障仍未消除时，可关闭保护装置电源，对保护装置各插件重新紧固后再重启装置；若发现装置插件温度较高时，可采取散热、降温措施。最后才能考虑更换插件。

（2）外部开入异常。外部开入主要分为交流回路以及直流回路，应根据报文显示，判断出错的外部回路。重点检查这些外部回路的二次配线以及装置背板是否紧固等，特别应注意防止电流二次开路及误碰。使用万用表时需要注意选择合适的挡位。若检查发现外部各回路输入到装置均正常时，则应怀疑保护装置开入插件故障。此时应首先将保护改信号装置再按照步骤（1）的方案处理。

处理方案：根据二次图纸，检查输入到保护装置的二次回路并进行处理。

（3）保护通道异常。通道异常告警包括：纵联通道故障、纵联通道3dB告警、纵联通信设备告警。此时应将纵联保护改信号再进行检查。

处理方案：按照收发信机故障、光纤通道故障的事故处理进行检查及处理。注意：除更换电源插件及保护装置面板外，其他插件更换后必须对保护装置的相关回路、保护功能进行试验后方可投运。

1.3.3　线路保护动作指示不正确

1. 适用范围

线路保护。

2. 缺陷现象

线路保护动作指示灯显示不正确、报文显示不正确。

3. 安全注意事项

线路保护动作指示不正确处理一般都需要将保护改信号或陪停线路，在检查之前，必须对线路保护的数据进行采集分析，开工前必须做好相应的二次安全措施，填写二次附页。

4. 缺陷原因诊断及分析

线路保护动作指示灯显示不正确、报文显示不正确主要原因有装置内部出现问题或二次回路接线错误、保护整定错误等。

检查判断故障点：保护功能试验检查，功能不正常则可以判断为整定值设置错误或CPU插件、逻辑插件有故障；保护功能试验正常，而保护装置出口不正常，则可以判断为装置电源插件故障；保护装置出口正常，但一次设备动作不正常，则可以判断为二次回路故障。

5. 缺陷处理

（1）装置内部出现问题。保护动作后，保护输出动作指示灯，各保护CPU会将本插件的所有出口信息送往通信面板MMI，由MMI按时间顺序汇总后送往液晶显示屏显示及打印，打印机会打印这次保护动作报告和采样值。一般有哪几种保护启动和动作、保护动作报文序列按动作时间顺序排列也可以从分CPU调取分报告，可以看出分CPU的动作过程（包括中间过程）和采样值，检查监控或SOE事件顺序记录是否符合保护动作报告所显示的内容，如果不符，则需要再次分析数据，直到找出原因。

处理方案：①实际动作行为与保护或操作箱指示灯不符，应进行数据的综合分析；②根据动作报告模拟试验进行事故再现，看内部逻辑和保护报告、灯光信号是否与模拟一致；③重点检查内部逻辑配线和对插件进行测试，对错误接线及插件进行改正和更换。

（2）二次回路接线错误。根据处理步骤（1）的中分析判断如果是二次接线错误，则根据试验的数据判别问题所在，进行针对性的查找，如果判别不出则进行整个回路的查找。

处理方案：①根据竣工图和保护原理图对实际接线进行核对；②对错误接线进行改正前需要进行确认；③对改正后接线回路进行试验，确保动作逻辑、信号符合整定要求。

（3）保护整定错误。核对保护所在定值区，与整定单应一致。检查并打印保护装置定值，对照整定单进行核对，并进行功能试验。

处理方案：①确认整定定值区与先前整定一致；②按照整定对保护进行功能性试验，核对整定值对保护动作的影响；③根据正确的整定值进行再次试验检查。

1.3.4 线路保护装置通信中断

1. 适用范围

线路保护装置。

2. 缺陷现象

变电站监控后台线路保护通信中断。

3. 安全注意事项

出现线路保护通信中断处理，若不能停电处理时必须加强监护，防止走错间隔或误碰，做好措施或申请调度，避免通信中断扩大甚至全部断开。

4. 缺陷原因诊断及分析

线路保护通信中断的主要原因有保护装置与自动化系统的通信出现问题、保护装置通信接口模块故障、保护装置通信面板故障、交换机或 HUB 或规约转换装置故障。

检查判断故障点：面板显示正常，判断为一般外部通信故障引起中断，应检查通信线、端子接线、通信接口设备和保护管理机；黑屏且直流失电告警信号出现，必定为装置电源失去或者电源插件故障；黑屏或面板乱码、闪烁，可能为面板故障或电源插件故障。

5. 缺陷处理

（1）保护装置通信接口模块故障。先查找保护装置至保护管理机之间的接线是否牢固、完好，保护管理机通信指示灯是否正常，保护装置面板显示是否正常，是否出现通信模块故障或是装置故障的告警。

处理方案：①对相应的装置通信接线进行紧固；②对保护装置进行重启；③更换相关装置模块等处理对告警灯重新复归处理。

（2）保护装置通信面板故障。保护装置通信通信面板故障会对导致通信面板与 CPU 通信中断。

处理方案：①检查保护装置否有报文或异常报文，对报文数据进行分析，根据故障码来进行相应处理；②对保护装置进行重启，如果还没有恢复，则需要更换保护面板；③检查其保护装置直流电源模块输出是否符合要求，如果不对则应更换。

（3）交换机、HUB 或规约转换装置故障。交换机、HUB 或规约转换装置故障会造成单网络中断或是双网络中断，保护小室内的单一或所有保护装置、测控装置的通信全部中断。

处理方案：①对网络传输设备及其接线进行排查，整固接线或进行重新插紧；②检查交换机、HUB 及规约转换装置（包括站控层）信号灯指示是否正常，如停止不动，则说明无交换数据，则对相应装置进行重启，如果不行，则应测量其电源及电源模块输出是否正常；③更换相关装置的直流电源模块。

1.3.5 线路保护电压异常（断线）

1. 适用范围

采用母线电压互感器的线路保护单套报电压异常。

2. 缺陷现象

线路保护装置"告警"灯亮、查看装置报文显示"电压断线"告警。

3. 安全注意事项

在电压断线条件下所有距离元件、零序方向元件，负序方向元件退出工作，纵联电流差动保护不受电压断线影响，可以继续工作，但电容电流补偿功能自动退出，一旦电压恢复正常，各元件将自动重新投入运行。双重化配置下需确认另一套保护运行正常后，将保护改信号装置进行检查，防止两套保护同时失去。

4. 缺陷原因诊断及分析

保护装置电压断线或电压异常，原因主要有二次回路、电压切换回路故障、空气开关故障和交流输入变换插件或采样模块故障。

检查判断故障点：若空气开关上桩头输入电压也存在异常，则需要检查二次回路，进一步排除故障点；若存在空气开关自动跳闸，空气开关上桩头电压正常而下桩头电压不正常，则可以判断为保护交流空气开关故障；若输入到保护装置的电压均正常，仅保护装置内采集显示电压不正常，则可以判断为保护装置的交流输入变换插件或者采样模块故障。

5. 缺陷处理

（1）二次回路故障。查找故障时采用分段查找的方法来确定故障部位，判断外部输入的交流电压是否正常。用万用表测量保护装置交流电压空气开关 ZKK 上桩头电压。若空气开关上桩头电压不正确，则检查装置电压切换插件回路的输入电压是否正常。若输入到电压切换插件电压不正常，则应首先检查电压小母线至端子排的配线是否存在断线、绝缘破损、接触不良等情况。若输入到电压切换插件电压正常，则应检查切换后电压至保护装置空气开关上桩头之间的配线是否存在断线、绝缘破损、接触不良等情况。检查中注意不得引起电压回路短路、接地。

处理方案：对二次配线进行紧固或更换。特别要注意自屏顶小母线的配线更换时要先拆电源侧，再拆负荷侧；恢复时先恢复负荷侧，后恢复电源侧。

（2）电压切换回路故障。若上述回路正常，则可以判断为电压切换插件故障，插件的电压切换输出接点可能存在切换不到位的现象。

处理方案：由于电压切换插件直流电压接至断路器控制电源，处理时需将断路器改冷备用，并断开控制直流空气开关。从端子排外拆开交流电压输入回路，由于回路带电，需用绝缘胶带包扎并防止方向套脱落。将电压切换插件取出，检查电压小继电器，并进行相关测试，以确定故障点，对故障元件进行更换，或直接更换电压切换插件。

（3）空气开关故障。若空气开关上桩头电压正常，则继续检查端子排内侧至保护装置交流插件各个端子上的电压。若存在异常，则应先检查空气开关下桩头至端子排的配线是否存在断线、短路、绝缘破损、接触不良等情况。若上述回路没有存在断线、短路、绝缘破损、接触不良等情况，则可以判断为交流电压空气开关故障。

处理方案：更换交流电压空气开关。需要注意的方面：空气开关上桩头的配线带电，工作中注意用绝缘胶带包扎好；防止方向套脱落。更换中注意不要引起屏上其余运行中的空气开关的误断，必要时用绝缘胶带进行隔离。更换完毕后，对二次线再次进行检查、紧固，并测量下桩头对地电阻。

（4）交流输入变换插件或采样模块故障。若输入到保护装置的电压均正常，仅保护装置内采集显示电压不正常，则可以判断为保护装置的交流输入变换插件或者采样模块故障。

处理方案：交流输入变换插件包括交流电压及电流输入，因此，处理时保护装置失去作用，需停用整套线路保护装置，在对外部电流回路进行短接后才能开始消缺。断开保护装置直流空气开关后，取出交流输入变换插件或采样模块，检查电压小 TV，确认故障元件后进行更换或直接更换交流输入变换插件、采样模块。特别注意若更换插件，需要确定交流额定值符合要求（额定电流是 1A 还是 5A）。

1.4　实际案例分析

1. 现象

××变电所××线路保护重合闸未充电，保护液晶面板显示无合闸未充电，重合闸充电指示灯不亮。

2. 缺陷处理

线路保护重合闸无法充电通常为压板或外部闭锁引起，可能涉及二次回路及开关，应加强监护，认真核对实际接线与图纸，对处理中确实影响运行或处理开关内部回路时，应停电处理。

三相一次重合闸原理框图见图 1-15，图中可以说明：

重合闸充电条件：断路器在合位，TWJ 不动，启动继电器（QDJ）也不动，表明线路在正常状态，经或门 H1 和反相器充电，15s 后充满电，置 CD "1"。

重合闸放电条件：当断器操作压力低于允许合闸压力，且在 200ms 内 QDJ 没有动作，经或门 H2 放电；遥合或遥跳断路器放电；控制回路 KK 手合放电；外部闭锁重合闸；投入重合闸停用压板；启动重合闸回路动作，而充电回路没有充满电，经门 H4-Y2-H2 放电；重合闸命令发出的同时，经或门 H2 放电；TV 断线时，零序电流方向动作，由门 Y3、Y4 经或门 H2 放电。

（1）停用重合闸压板未退出。先查看后台监控中线路分图中保护停用重合闸压板是否退出，如果未退出，则可以遥控退出，退出再查看重合闸是否充电。

处理方案：①在监控上对重合闸停用压板进行操作；②在保护面板上对重合闸停用压板进行操作。

（2）开关低气压等闭锁回路异常。查看监控告警或面板上是否有 "DIERR" 开入异常告警，如开关低气压告警光字牌是否亮，是否有闭锁重合闸开入，对重合闸进行放电等。

处理方案：检查保护装置接线板低气压闭锁是否有开入，如果有则检查开关是否为低气压，检查开出接点，进一步对开关进行处理；如果没有，则需检查响应的二次回路接线

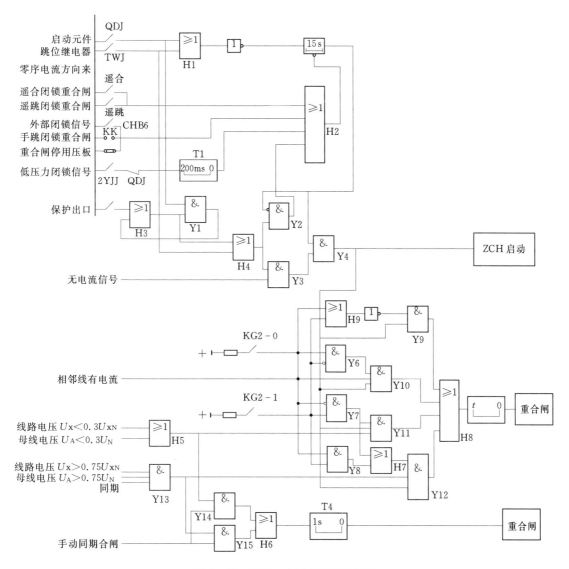

图 1-15　三相一次重合闸原理框图

是否正确。

（3）控制回路闭锁。检查保护装置的重合闸闭锁是否有开入，对于使用控制开关 KK 的变电所，手跳的同时会使重合闸放电，如果对应控制回路有开入，则有可能是该回路手跳闭锁接点未返回或粘连。但综合自动化变电站则没有此控制开关回路。

处理方案：首先检查控制回路 KK 手跳闭锁接点是输出，如果有输出，则需要停用线路或改成非自动，更换控制开关或处理接点。

第2章 110kV变压器微机保护装置

2.1 基 础 知 识

2.1.1 变压器的故障类型

变压器故障可分为内部故障和外部故障。

变压器内部故障指的是箱壳内部发生的故障，有绕组的相间短路故障、单相绕组的匝间短路故障、单相绕组与铁心间的接地短路故障、变压器绕组引线与外壳发生的单相接地短路，此外，还有绕组的断线故障等。

变压器外部故障指的是箱壳外部引出线间的各种相间短路故障或接地短路故障等。

2.1.2 主变的不正常运行

变压器的不正常运行主要有过负荷、油箱漏油造成的油面降低、外部短路故障（接地和相间故障）等引起的过电流。

对于大容量变压器，因铁心额定工作磁密与饱和磁密比较接近，所以当电网电压过高或频率降低，容易发生过励磁。

2.1.3 主变保护的配置

1. 主保护配置

（1）差动保护：包含差动速断保护、比率差动保护，躲过励磁涌流一般采用二次谐波制动及间断角原理。

（2）本体保护：包含重瓦斯保护、有载调压瓦斯保护、压力保护等。

2. 后备保护及不正常运行保护配置

（1）两段或三段式复合电压闭锁过流保护。

（2）过负荷保护。

（3）冷却系统故障及主变超温告警。

（4）轻瓦斯保护告警。

2.1.4 主变压器微机保护装置及功能

110kV变压器微机保护装置包括差动保护、复合电压闭锁过流保护、非电量保护、过负荷保护、TV断线检测及TA断线告警等。

1. 差动保护

利用输入电流与输出电流的相量差作为动作量的保护就称为差动保护。主变差动保护的基本原理源于基尔霍夫电流定律,把被保护区域看作一个节点,如果流入保护区域的电流等于流出的电流,则保护区域无故障或是外部故障;如果流入保护区域的电流不等于流出的电流,说明存在其他电流通路,保护区域内发生了故障。通过选择合理的 TA、采用适当的 TA 接点和平衡系数,使得归算后二次电流的相量和 $\sum i = 0$。$\sum i$ 即称为差流,用 I_{cd} 表示,正常运行情况下,$I_{cd} = 0$,当 I_{cd} 满足动作条件时,主变差动保护动作。

2. 复合电压闭锁过流保护

复合电压闭锁过流保护是为反映变压器外部故障引起的过电流,以及作为差动保护和瓦斯保护的后备保护。复合电压闭锁元件是由正序低电压和负序过电压元件按"或"逻辑构成。当系统发生不对称短路时,将出现较大的负序电压,负序过电压元件将动作,开放过流保护并作用于跳闸;当出现三相短路等特殊情况时,则由低电压元件动作,开放过流保护。

3. 非电量保护

主变非电量保护主要有瓦斯保护、压力保护、温度保护、油位保护及冷却器全停保护等。瓦斯保护包括重瓦斯保护和轻瓦斯保护,其中重瓦斯保护是主变油箱内部的主保护,能反映变压器内部的各种故障,当油箱内故障产生大量气体时动作,作用于切除主变,轻瓦斯则作用于信号。压力保护也是主变油箱内部的主保护,当变压器内部故障时,温度升高,油膨胀压力增高动作,作用于切除主变。温度保护包括油温和绕组温度保护,当温度超过定值时,发出告警信号。油位保护是反映油箱内油位异常的保护,油位过高或过低时动作,作用于告警信号。

4. 过负荷保护

过负荷保护配置包括过负荷告警、过负荷启动风冷和过负荷闭锁有载调压。三段过负荷的电流、时限定值可单独整定。

5. TV 断线检测

TV 断线时检查采用线电压下降和负序电压上升判据,延时 10s 告警。可根据控制字在 TV 断线告警判据中增加电流闭锁元件,即三相电流均小于 $0.05I_N$ 时,TV 断线告警元件退出;如果此时判据各条件满足,则闭锁与母线电压有关的保护元件。

6. TA 断线告警

变压器内部发生不对称故障时,至少有两侧会出现较大负序电流,故 TA 断线以仅一侧出现负序电流为主判据,并要求其他侧至少有一定的负荷电流。根据运行要求选择是否闭锁比率差动保护。

2.2 主变压器保护装置调试

110kV 及以下主变压器保护装置的调试包含调试前的准备工作和安全技术措施,通过要点归纳、图标举例,掌握 110kV 及以下主变保护装置现场调试的危险点预控及安全技术措施。通过要点归纳、图表举例、分析说明,掌握 110kV 及以下主变微机保护装置调试的作业程序、调试项目、各项目调试方法等内容。

2.2.1　调试前的准备工作

（1）检修作业前 3 天做好检修准备工作，并在检修作业前 2 天提交相关停役申请。准备工作包括检查设备状况、反措计划的执行情况及设备的缺陷等。

（2）根据本次校验的项目，组织作业人员学习作业指导书，使全体作业人员熟悉作业内容、进度要求、作业标准、安全注意事项。要求所有工作人员都明确本次校验工作的内容、进度要求、作业标准及安全注意事项。

（3）明确工作人员分工，针对技术负责、仪器仪表管理、图纸资料管理、专责安全监护人员等进行指定和明确。

（4）梳理待检修设备存在的缺陷以及以往缺陷统计，配合检修进行消缺。

（5）开工前 1 天，准备好作业所需仪器仪表、相关材料、工器具。要求仪器仪表、工器具应试验合格，满足本次作业的要求，材料应齐全。

仪器仪表，主要有绝缘电阻表、继电保护三相校验装置，钳形相位表、V－A 特性测试仪、电流互感器变比测试仪等。

工器具，主要有个人工具箱、计算器、电烙铁等。

相关材料，主要有：绝缘胶布、自黏胶带、电缆、导线、小毛巾、焊锡丝、松香、中性笔、口罩、手套、毛刷、逆变电源板等相关备件，根据实际需要确定。

（6）最新整定单、相关图纸、上一次试验报告、本次需要改进的项目及相关技术资料。要求图纸及资料应与现场实际情况一致。

主要的技术资料有：110kV 及以下主变保护图纸、110kV 及以下主变保护装置技术说明书、110kV 及以下主变保护装置使用说明书、110kV 及以下主变保护装置校验规程。

（7）根据现场工作时间和工作内容填写工作票（第一种工作票应在开工前一天交值班员），工作票应填写正确，并按《国家电网公司电力安全工作规程（变电部分)》执行。

2.2.2　安全技术措施

1. 防止人身触电

（1）误入带电间隔。控制措施：工作前应熟悉工作地点、带电部位。检查现场安全围栏、安全警示牌和接地线等安全措施。

（2）接、拆低压电源。控制措施：必须使用装有漏电保护器的电源盘。螺丝刀等工具金属裸露部分除刀口外包绝缘。接拆电源时至少有两人执行，必须在电源开关拉开的情况下进行。临时电源必须使用专用电源，禁止从运行设备上取得电源。

（3）保护调试及整组试验。控制措施：工作人员之间应互相配合，确保一次、二次回路上无人工作。传动试验必须得到值班员许可并配合。

2. 防止机械伤害

主要指坠落物打击。控制措施：工作人员进入工作现场必须戴安全帽。

3. 防止高空坠落

主要指在断路器或电流互感器上工作时坠落。控制措施：正确使用安全带，鞋子应防滑。必须系安全带，上下断路器或电流互感器本体由专人监护。

4. 防"三误"事故的安全技术措施

"三误"是指误碰、误整定、误接线。

（1）现场工作前必须做好充分准备，内容包括：

1）了解工作地点一次、二次设备运行情况，确认本工作与运行设备有无直接联系。

2）工作人员明确分工并熟悉图纸与检验规程等有关资料。

3）应具备与实际状况一致的图纸、上次检验记录、最新整定单、检验规程、合格的仪器仪表、备品备件、工具和连接试验线。

4）工作前认真填写安全措施票，并经技术负责人认真审批。

5）工作开工后先执行安全措施票，由工作负责人负责做的每一项措施要在"执行"栏作标记，校验工作结束后，要持此票恢复所做的安全措施，以保证完全恢复。

6）不允许在未停用的保护装置上进行试验和其他测试工作，也不允许在保护未停用的情况下用装置的试验按钮做试验。

7）只能用整组试验的方法，即由电流及电压端子通入与故障情况相符的模拟故障量，检查保护回路及整定值的正确性。不允许用卡继电器触点、短路触点等人为手段做保护装置的整组试验。

8）在校验继电保护及二次回路时，凡与其他运行设备二次回路相连的压板和接线应有明显标记，并按安全措施票仔细地将有关回路断开或短路，做好记录。

9）在清扫运行中设备和二次回路时，应认真仔细，并使用绝缘工具（毛刷、吹风机等），特别注意防止振动，防止误碰。

10）严格执行风险分析卡和继电保护作业指导书。

（2）现场工作应按图纸进行，严禁凭记忆作为工作的依据。如发现图纸与实际接线不符时，应查线核对。需要改动时，必须履行如下程序：

1）先在原图上做好修改，经主管继电保护部门批准。

2）拆动接线前先要与原图核对，接线修改后要与新图核对，并及时修改底图，修改运行人员及有关各级继电保护人员的图纸。

3）改动回路后，严防寄生回路存在，没用的线应拆除。

4）在变动二次回路后，应进行相应的逻辑回路整组试验，确认回路极性及整定值完全正确。

（3）保护装置调试的定值，必须根据最新整定单规定，先核对通知单与实际设备是否相符，包括保护装置型号、被保护设备名称、互感器接线、变比等。定值整定完毕要认真核对，确保正确。

5. 其他危险点及控制措施

保护室内使用无线通信设备易造成其他正在运行的保护设备不正确动作。控制措施：不在保护室内使用无线通信设备，尤其是对讲机。

为防止一次设备试验影响二次设备，试验前应断开保护屏电流端子连接片，并对外侧端子进行绝缘处理。

电压小母线带电易发生电压反送事故或引起人员触电。控制措施：断开交流二次电压引入回路，并用绝缘胶布对所拆线头实施绝缘包扎，带电的回路应尽量留在端子上防止误碰。

二次通电时，电流可能通入母差保护，可能误跳运行断路器。控制措施：在开关端子箱将相应端子用绝缘胶布实施封闭。

带电插拔插件，易造成集成块损坏。频繁插拔插件，易造成插件插头松动。控制措施：插件插拔前关闭电源。

需要对一次设备进行试验时，如开关传动、TA 极性试验等，应提前与一次设备检修人员进行沟通，避免发生人身伤害和设备损坏事故。

部分带电回路可能引起工作中的短路或接地，或导致运行设备受到影响，这些回路应该在试验前断开或进行可靠隔离。

6. 继电保护工作安全措施

进行继电保护校验应执行继电保护安全措施，填写安全措施附页，具体的格式见附录。

执行继电保护安全措施应满足以下要求：

（1）拆前应先核对图纸，凡与运行设备二次回路相连的连接片和接线应有明显标记，如没有则应标上。

（2）按安全措施票仔细逐项地将有关回路断开或短接，并做好记录。

（3）二次回路校验工作结束后，按安全措施票逐项恢复所做安全措施，做好记录。

（4）安全措施实施过程中严禁将运行中的电压二次回路短路或接地，防止 TV 二次回路失压造成自动装置误动作。

2.2.3 作业流程

110kV 及以下主变微机保护装置的调试作业流程见图 2-1。

2.2.4 校验项目、技术要求及校验报告

1. 清扫、紧固、外部检查
（1）检查装置内、外部是否清洁无积尘、无异物，清扫电路板的灰尘。
（2）检查各插件插入后解除良好，闭锁到位。
（3）切换开关、按钮、键盘等操作灵活、手感良好。
（4）压板接线压接可靠性检查，螺丝紧固。
（5）检查保护装置的箱体或电磁屏蔽体与接地网可靠连接。
2. 逆变电源工况检查
（1）检查电源的自启动性能：拉合直流开关，逆变电源应可靠启动。
（2）进入装置菜单，记录逆变电源输出电压值。
3. 软件版本及 CRC 码检查
（1）进入装置菜单，记录装置型号、CPU 版本信息。
（2）进入装置菜单，记录管理版本信息。
注意事项：与最新整定单核对校验码及程序形成时间。

图 2-1 110kV 及以下主变微机保护装置的调试作业流程图

4. 交流量的调试

（1）零漂检验。进入本项目检验时要求保护装置不输入交流量。进入保护菜单，检查保护装置各 CPU 模拟量输入，进入三相电流和零序电流、三相电压和线路电压通道的零漂值检验，要求零漂值均在 $0.01I_N$（或 $0.05V$）以内。检验零漂时，要求在一段时间（3min）内零漂值稳定在规定范围内。

（2）模拟量幅值特性检验。用保护测试仪同时测试接入装置的三相电压和线路电压输入、三相电流和零序电流输入。调整输入交流电压和电流分别为额定值的 120％、100％、50％、10％和 2％，要求保护装置采样显示与外部表计误差应小于 3％，在 2％额定值时允许误差 10％。

不同的 CPU 应分别进行上述试验。在试验过程中，如果交流量的测量误差超过要求范围时，应首先检查试验接线、试验方法、外部测量表计等是否正确完好，试验电源有无波形畸变，不可急于调整或更换保护装置中的元器件。部分检验只要求进行额定值精度检验。

（3）模拟量相位特性检验。按上文（2）中规定的试验接线和加交流量方法，将交流电压和交流电流均加至额定值。检查各模拟量之间的相角，调节电流、电压相位，当同相别电压和电流相位分别为 0°、45°、90°时装置显示值与表计测量值之差应不大于 3°。部分检验只要求进行选定角度的检验。

5. 开入、开出量调试

（1）开关量输入测试。进入保护菜单检查装置开入量状态，依次进行开入量的输入和断开，同时监视液晶屏幕上显示的开入量变位情况。要求检查时带全回路进行，尽量不用短接触点的方式，保护装置的压板、切换开关、按钮等直接操作进行检查，与其他保护接口的开入或与断路器机构相关的开入进行实际传动试验检查。

（2）输出触点和信号检查。配合整组传动进行试验，不单独试验。全部检验时要求直流电源电压为80%额定电压值下进行检验，部分检验时用全电压进行检验。

6．逻辑功能测试

（1）差动保护定值校验。

1）差动速断定值测试。依次在各侧的A、B、C相加入单相电流，电流大于1.05×差动速断定值/各侧平衡系数时差动保护可靠动作；电流小于0.95×差动速断定值/各侧平衡系数时差动保护可靠不动作。

2）比率制动系数测试。注意到ISA－387G保护装置的相位补偿是在高压侧（Y侧）电流进行相位校正（110kV主变保护一般都为高压侧），见图2－2。

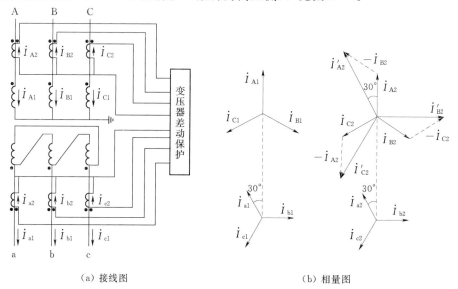

（a）接线图　　　　　　　　　　（b）相量图

图2－2　差动保护

Y侧转角相位校正算法如下。

Y侧：
$$\dot{I}'_{A2}=(\dot{I}_{A2}-\dot{I}_{B2})/\sqrt{3}$$
$$\dot{I}'_{B2}=(\dot{I}_{B2}-\dot{I}_{C2})/\sqrt{3}$$
$$\dot{I}'_{C2}=(\dot{I}_{C2}-\dot{I}_{A2})/\sqrt{3}$$

d侧：
$$\dot{I}'_{a2}=\dot{I}_{a2}$$
$$\dot{I}'_{b2}=\dot{I}_{b2}$$
$$\dot{I}'_{c2}=\dot{I}_{c2}$$

式中　$\dot{I}_{A2}$、$\dot{I}_{B2}$、$\dot{I}_{C2}$——Y侧TA二次电流；

$\dot{I}'_{A2}$、$\dot{I}'_{B2}$、$\dot{I}'_{C2}$——Y侧校正后的各相电流；

$\dot{I}_{a2}$、$\dot{I}_{b2}$、$\dot{I}_{c2}$——d 侧 TA 二次电流；

$\dot{I}'_{a2}$、$\dot{I}'_{b2}$、$\dot{I}'_{c2}$——d 侧校正后的各相电流。

测试方法为，固定高压侧电流，调节低压侧电流，直至差动动作，保护动作后退出试验电流。例如在高压侧 A 相加电流，在低压侧 a 相、c 相分别加入相位相反、幅值相同的电流，即高压侧 A 相加电流 $I_A \angle 0°$、低压侧 a 相加电流 $I_a = \dfrac{K_h I_A}{K_l} \angle 180°$、低压 c 相加电流 $I_c = \dfrac{K_h I_A}{K_l} \angle 0°$，此时的差流为 0；减小 I_a，直到差动保护动作，退出试验电流，记录两侧动作电流。应用保护装置差动电流、制动电流和比率制动系数公式，计算比率制动系数。式中，K_h、K_l 为高、低压侧平衡系数，ISA－387G 变压器差动保护装置取高压侧为基准，即 K_h 为 1，低压侧平衡系数 $K_l = \dfrac{U_L K_{CTL} \sqrt{3}}{U_H K_{CTH}}$。

注意：试验数据精度与测试仪器所加电流的步长有密切关系，建议电流变化步长用 0.01A。

（2）复合电压闭锁过流保护校验。复合电压闭锁过流保护各侧复合电压元件采用并联逻辑。开放条件为：①本侧有电压，满足低电压或负序电压任一条件；②本侧无电压。

以高压侧复合电压闭锁过流保护校验为例，其校验项目为：

1）电流整定值检查。退出过流保护经方向闭锁，在高压侧加入单相电流，在 1.05 倍整定值时，可靠动作；在 0.95 倍整定值时，应可靠不动作。

2）高压侧负序电压元件动作检查。投入"高压侧复压压板"，退出中、低压侧复压压板，在高压侧加入三相健全电压，等待 TV 断线返回，装置无告警信号发出；加入单相电流并大于整定值，监视动作触点，降低某相电压，当保护动作时，记录此时的负序电压，即为负序电压元件动作值。

3）高压侧低电压元件动作检查。试验接线同上，此时同时降低三相电压，并记录动作值，此时的线电压值即为低电压元件动作值。

中、低压侧复合电压闭锁过流保护校验同高压侧。

7. 整组试验

整组试验时，统一加模拟故障电流，断路器处于合闸位置。进行传动断路器试验之前，控制室和开关室应有专人监视，并应具备良好的通信联络设备，以便观察断路器动作情况，监视中央信号装置的动作及声、光信号指示是否正确。如果发生异常情况时，应立即停止试验，在查明原因并改正后再继续进行。

（1）整组动作时间测量。本试验是测量从模拟故障至断路器跳闸的动作时间。要求测量断路器的跳闸时间与保护的出口时间比较，其时间差即为断路器动作时间，一般应不大于 80ms。全部校验时，调整保护及控制直流电源为额定电压的 80%，带断路器实际传动，检查保护和断路器动作正确。

（2）与中央信号、远动装置的配合联动试验。根据微机保护与中央信号、远动装置信息传送数量和方式的具体情况确定试验项目和方法。要求所有的硬接点信号都进行整组传动，不得采取短接触点的方式。另外还应检查保护动作报文的正确性。

注意检查主变相关过负荷、闭锁调压、闭锁 BZT、启动风冷等触点是否正确动作。

8. 带负荷试验

在新安装检验时，为保证测试准确，要求负荷电流的二次电流值大于保护装置的精确工作工作电流（$0.06I_N$）时，应同时采用装置显示和钳形表测试进行相互校验，不得仅依靠外部钳形表测试数据进行判断。

（1）交流电压的相名核对。用万用表交流电压挡测量保护装置端子排上的交流相电压和相间电压，并校核本保护装置上的三相电压与已确认正确的 TV 小母线三相电压的相别。

（2）交流电压和电流的数值校验。进入保护菜单，检查模拟量幅值，并用钳形表测试回路电流电压幅值，以实际负荷为基准，检验电压、电流互感器变比是否正确。

（3）检验交流电压和电流的相位。进入保护菜单，检查模拟量相位关系，并用钳形表测试回路各相电流、电压的相位关系。在进行相位校验时，应分别检验三相电压的相位关系，并根据实际负荷情况，核对交流电压和交流电流之间的相位关系。

（4）差流值检查。进入保护菜单，检查主变保护各侧电流产生的差流，正常情况下，主变保护差流值应小于差流越限告警定置。

9. 定值与开关量状态的核查

打印保护装置的定值、开关量状态及自检报告，其中定值报告应与定值整定单一致，开关量状态与实际运行状态一致，自检报告应无保护装置异常信息。

2.3 典型缺陷处理分析

2.3.1 变压器保护装置运行灯灭（闪烁）

1. 适用范围

110kV 微机变压器保护装置。

2. 缺陷现象

某变电所变压器保护装置"运行监视"灯灭，可能保护装置还显示出错报文。

3. 安全注意事项

首先应根据装置报文判断告警原因。当报文中存在程序出错信息时，保护装置实际是被闭锁的，应立即将保护改信号。工作前将保护改信号，防止在消缺时发生保护误出口跳闸。若没有异常报文，可能为运行指示灯显示不正常，涉及插件检查和更换必须将保护改信号装置。

4. 缺陷原因诊断及分析

变压器保护装置运行灯灭，故障原因主要有：装置电源插件故障、面板故障或 CPU 插件故障。

检查判断故障点：若装置输入直流电压正常而输出不正常，则可判断为电源板故障；若装置直流电源输入、输出均正常，则可以判断仅为面板故障引起；若装置电源板、面板均正常，则可以判断可能为 CPU 插件故障引起运行灯闪烁。

5. 缺陷处理

（1）电源插件故障。保护装置没有出现黑屏、失电告警信号时，应检查电源插件的输出电压。断开保护装置直流电源，检查电源插件外观是否存在明显的故障点（工作前将保护改信号装置）。使用转接插件，通电检查电源插件的输出电压是否正常。检查时应注意：使用万用表测量电压时，防止表棒线短路；不得带电插拔插件。

处理方案：若发现电源插件故障时，应立即更换电源插件。更换电源插件后进行相应检查，确保装置恢复正常。

注意：新更换的电源插件直流电源额定电压应与原保护装置的直流电源额定电压相一致；更换时应断开直流电源空开，严禁带电更换。

（2）面板故障。若装置报文没有明显出错指示，且装置面板告警灯不亮，则应检查装置面板是否存在故障，从而导致运行指示灯显示不正常。打开装置面板，查看装置面板及指示灯两端电压是否正常。注意检查时，应避免表棒线搭壳，引起直流短路等情况。

处理方案：若发现指示灯故障或面板上存在排线、电源不正常时，应进行更换。

注意：更换面板时需要确定面板的选型和版本是否匹配，防止因面板不匹配导致再次异常；更换面板后，为防止地址冲突，应先对新面板的通信地址、通信串口设置按原面板的参数进行设置，然后方可恢复通信线。更换后面板后，可通过键盘试验、调定值、检查采样值等操作，检查新面板功能是否正常。

（3）CPU 插件故障。当保护装置程序出错时，往往伴随着出现"告警"灯亮等现象。此时应根据告警类型，判断是否需要将保护改信号装置。对于 CST 型装置，应根据具体报文，属于告警Ⅰ类的需要将保护改信号装置；对于 CSC 型装置，可以根据"告警"灯是否闪烁来判断，告警灯闪烁时，保护被闭锁，需将保护改信号装置。

处理方案：将保护改信号装置后，可拉开装置直流电源，打开装置面板，进行如下检查：①查看各插件是否紧固；②检查装置 CPU 插件上各芯片是否插紧；③检查装置内部温度是否过热，否则应采取散热措施。然后合上装置直流电源，重启装置，查看能否恢复正常。若不能恢复，应更换 CPU 插件。

注意：更换前后的两块 CPU 插件其硬件和软件版本需一致，更换后需按全校做好相关校验工作。

2.3.2 变压器后备保护异常（断线）

1. 适用范围

微机变压器保护。

2. 缺陷现象

某变电所变压器后备保护装置"告警"灯亮、查看装置报文显示"电压 DX"（或"电压 hDX""电压 mDX""电压 lDX"等）。

3. 安全注意事项

主变后备保护装置电压断线将会开放电压判据，而主变后备保护动作逻辑中，复合电压闭锁过流保护以及零序电压闭锁零序电流保护均有方向控制字。一般来说，后备保护检测到本侧电压断线后，发出告警Ⅱ，应根据保护控制字，判断启动 CPU 是否闭锁复压元件、保护 CPU 是否取消方向和电压闭锁或退出本侧复压闭锁元件。对于不带方向的后备保护，若判断有存在误动的可能时，应停用该后备保护。

4. 缺陷原因诊断及分析

保护装置电压断线或电压异常，原因主要有二次回路、空气开关故障、交流输入变换插件或采样模块故障（不考虑全站交流电压回路异常的情况）。

检查判断故障点：若空气开关上桩头输入电压也存在异常，则需要检查二次回路，进一步排除故障点；若存在空气开关自动跳闸，空气开关上桩头电压正常而下桩头电压不正常则可以判断为保护交流空气开关故障；若输入到保护装置的电压均正常，仅保护装置内采集显示电压不正常，则可以判断为保护装置的交流输入变换插件或者采样模块故障。

5. 缺陷处理

（1）二次回路故障。查找故障时采用分段查找的方法来确定故障部位，判断外部输入的交流电压是否正常。用万用表测量保护装置显示的故障侧的交流电压空气开关 ZKK 上桩头电压。若空气开关上桩头电压不正确，则应首先检查电压小母线至端子排的配线以及端子排至保护装置空气开关上桩头之间的配线是否存在断线、短路、绝缘破损、接触不良等情况。检查中注意不得引起电压回路短路、接地。

处理方案：对二次配线进行紧固或更换。特别要注意自屏顶小母线的配线更换时要先拆电源侧，再拆负荷侧；恢复时先恢复负荷侧，后恢复电源侧。

（2）空气开关故障。若故障侧的空气开关上桩头电压正常，则继续检查端子排内侧至保护装置交流插件的各个端子上的电压。若存在异常，则应先检查空气开关下桩头至端子排的配线是否存在断线、短路、绝缘破损、接触不良等情况。若上述回路没有存在断线、短路、绝缘破损、接触不良等情况，则可以判断为交流电压空气开关故障。

处理方案：更换故障侧的交流电压空气开关。

注意：空气开关上桩头的配线带电，工作中注意用绝缘胶带包扎好；防止方向套脱落。更换中注意不要引起屏上其余运行中的空气开关的误断，必要时用绝缘胶带进行隔离。更换完毕后，对二次线再次进行检查、紧固，并测量下桩头对地电阻。

（3）交流输入变换插件或采样模块故障。若输入到保护装置交流输入变换插件的电压均正常，则可以判断为保护装置的交流输入变换插件或采样模块故障。

处理方案：主变后备保护交流输入变换插件一般包括主变各侧的交流电压及电流，部分三圈变的后备保护有两块采样模块。在处理时保护装置失去作用，必须停用后备保护。检查时需要认清故障侧的电压回路处于哪一块插件上。首先断开保护用直流空气开关1ZK 及保护用交流空气开关 ZKK1、ZKK2。将交流输入变换插件或采样模块取出，进行检查和相关测试以确定故障点，对故障元件进行更换。或直接更换交流输入变换插件或采样模块。特别注意若更换插件，需要分清楚交流电流的额定电流是 1A 还是 5A。

2.3.3 110kV 变压器保护装置告警无法复归

1. 适用范围

微机变压器保护。

2. 缺陷现象

某变电所变压器保护装置异常，告警灯亮，且不能复归。

3. 安全注意事项

因涉及主变运行，在检查处理时应做好安全措施和监护，做好工器具的绝缘防护，杜绝误碰或误拆，避免造成电流二次开路或电压二次短路，对于涉及插拔插件或短接等试验一定要断开保护出口压板。

4. 缺陷原因诊断及分析

告警原因主要有装置故障内部插件故障（插件 CPU 板或 MONITOR 板故障、电源插件故障）、操作错误或外部回路异常故障引起，并归纳为Ⅰ类、Ⅱ类告警。Ⅰ类告警是保护装置本身元件损坏或自检出错，为严重告警，保护装置出口被闭锁，应立即将保护改信号装置；Ⅱ类告警是外部异常、操作失误等告警，此时保护未失去保护功能，告警不能复归。通常保护装置告警无法复归主要是由于内部装置的板件或硬件故障，外部回路开入异常。

检查判断故障点：先查阅保护装置面板信息，若面板显示开入异常，则可以判断开入二次回路有故障；若面板显示 DSP 出错或长时间启动，则可以判断交流回路有故障或装置硬件有故障；若面板显示面板通信出错，则可以初步判断面板有故障。

5. 缺陷处理

（1）内部装置的板件或硬件故障。观察保护液晶面板显示的报文，根据代码表查看报文显示是何种原因引起的告警。如果液晶面板无报文，则有可能是通信面板损坏或者其他异常。

处理方案：①对告警灯重新复归处理；②根据报文显示的代码测试及查找，直到排查清楚；③排查无异常则要求将保护改信号压板进行断开电源重新启动，观察液晶报文及告警灯是否还亮；④通过手摸或测试插件的温度，对插件进行降温处理；⑤最后考虑更换电源插件及其他插件。

（2）外部回路引起的故障。根据保护液晶显示的报文来判断是什么外部回路错误，外部回路引起的故障分为电流回路或信号开入回路，此时应注意防止开路及误碰误短接。

处理方案：根据报文显示的代码测试及查找，直到排查清楚后确认。

2.4 实际案例分析

2.4.1 差流越限告警

某变 1 号主变差动保护装置面板"报警"灯亮，B 相有差流，且无法复归。装置显示报文"差流越限"，监控后台报"差动保护差流越限"。

变压器保护装置运行时有差流，故障原因主要有：装置电流插件故障、定值设置错误、运行状态引起、电流二次回路异常，主变差动保护电流回路图见图 2-3。

处理方法：将保护改信号装置后，二次通流试验看出 1 号主变 110kV 套管 B 相电流存在分流现象，进行绝缘试验发现 B 相套管电流二次接线端子内部存在接地情况，拆开 B 相套管电流二次接线板，检查发现 B 相差动用电流端子内部连线金属裸露部分过长，碰到了铁壳造成了接地，处理过程：对金属裸露部分进行绝缘包扎处理，二次通流试验正常。

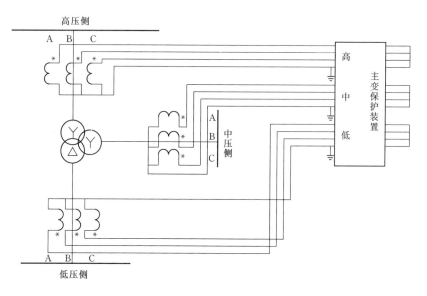

图 2-3 主变差动保护电流回路图

2.4.2 非电量保护装置信号无法复归

某主变非电量保护装置本体信号无法复归，本体轻瓦斯告警灯常长亮。

检查判断故障点：如果主变异常动作且未自动复归，且与非电量保护装置本体保护信号一致，则发信正确。如果主变运行正常，非电量保护装置本体保护信号无法复归，一般情况下可能是由于装置内部插件故障、二次回路故障、复归按钮或其复归回路发生故障、本体保护相关继电器接点粘连等，见图 2-4。

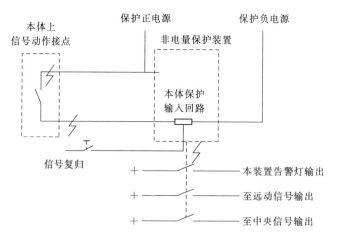

图 2-4 本体保护输入示意图

处理方法：将保护改信号装置后，断开本体保护所有出口压板后，检查装置接入电源正确，在端子排外侧拆开从主变来的二次开入回路，并用绝缘胶布包好。短接线短接开入接点和正电源，按下复归按钮后仍无法复归，判断本体保护装置内部插件故障。更换好插件后，重新短接开入接点并复归进行试验，确认保护发信灯可以复归。

第3章 10kV线路（电容器）保护装置校验

3.1 基 础 知 识

本节包含了10kV线路（电容器）保护的配置及原理。通过要点归纳、原理讲解，掌握10kV线路（电容器）微机保护装置的过流保护、零序电流保护、低周减载保护、三相自动重合闸等工作原理。

3.1.1 线路的故障和不正常运行状态

输电线路上发生的单相接地、相间短路、三相接地等。

3.1.2 线路保护的配置

1. 保护配置
（1）过流保护。
（2）零序电流保护。
（3）低周减载保护。
（4）自动重合闸。
2. 异常告警配置

微机保护装置提供了各种保护软件模块，可根据线路一次设备接线进行配置，表3-1是典型的数字式线路保护的配置，适用于10kV及以下电压等级的各种接线方式的线路保护。

表 3-1　　　　　　　　　　　　数字式线路保护配置

保护分类	保护类型	段　　数	每段时限数
线路保护	过流保护	3	1
	零序电流保护	3	1
	低周减载保护	1	1
	自动重合闸	1	1

3.1.3 线路保护工作原理

1. 相电流越限记录元件

相电流越限记录元件设独立的越限门坎定值，并按相记录各相电流的越限情况，产生独立的相电流越限记录，包括各相的越限起始时刻、越限持续时间、越限的最大电流。

2. 三段式过电流保护

为保护输电线路上发生的各类短路故障，可以设置 3 段反映相电流增大的过流保护作为主保护。在执行过流判别时，各相、各段判别逻辑一致，各段可以设定不同时限。当任一相电流超过整定值达到整定时间时，保护动作。

3. 反时限元件

相间过电流及零序电流均可带有反时限保护功能。反时限保护元件是动作时限与被保护线路中电流大小自然配合的保护元件，通过平移动作曲线，可以非常方便地实现全线的配合，反时限过流保护提供一般反时限、非常反时限和极度反时限 3 种动作特性。3 种动作特性如果同时投入，优先级排列从高到低为：极度反时限＞非常反时限＞一般反时限。

4. 相电流加速保护

线路保护配置了独立的加速段保护，可通过控制字选择采用前加速还是后加速，两者同时投入时，后加速优先级高。

5. 三相自动重合闸

线路保护提供了三相一次重合闸和三相二次重合闸功能可供用户选择。对于三相一次重合闸可选择同期检定和无压检定方式，三相二次重合闸只设无压检定方式。重合闸采用不对应启动方式：使用内部操作回路提供的断路器位置接点做判断，控制回路断线可选择闭锁重合闸，重合闸充电时间为 15s。

6. 低周减载

（1）低周减载采用分散分布式低周减载方案，设滑差闭锁和无滑差闭锁两段，两段可独立投退，其频率定值及动作时限可单独整定。

（2）当输入电压 $U_{ab}<20V$，或测量频率超出 $45\sim55Hz$ 有效范围，视为频率测量回路异常，闭锁低周减载。

（3）由于频率测量取自母线电压 U_{ab}，故在逻辑中加入断路器合位判据。

（4）两段低周减载均设有低电压闭锁和无流闭锁环节，其中低电压闭锁功能固定投入，无流闭锁环节可由控制字整定投退。低电压闭锁门槛为 20V，无流闭锁定值按躲过最小负荷电流整定。

（5）低周减载返回频率为：整定值＋0.05Hz。

（6）低周减载的出口接点与保护跳闸接点相独立，设独立出口压板。

7. 零序过电流元件

线路保护可满足不同接地系统的要求：对于不接地系统，采用零序方向过流保护，动作于告警或跳闸，其中方向元件可投退；对于小电阻接地系统，采用零序过流保护和零序过流加速元件，动作于跳闸。保护装置提供两个零序电流的交流通道 $3I_{ol}$ 和 $3I_{log}$，分别应用于不同的接地方式。

8. 过负荷保护

过负荷保护可通过控制字选择告警或跳闸。动作于跳闸的同时闭锁重合闸。

9.TV 断线检测

TV 断线时检查采用线电压下降和负序电压上升判据，延时 10s 告警。可根据控制字在 TV 断线告警判据中增加电流闭锁元件，即三相电流均小于 $0.05I_N$ 时，TV 断线告警元件退出；如果此时判据各条件满足，则闭锁与母线电压有关的保护元件。

3.1.4 电容器保护的配置及原理

1. 过流保护

本装置设三段过流保护，各段电流及时间定值可独立整定。分别设置整定控制字控制这三段保护的投退。

2. 过电压保护

为防止系统稳态过电压造成电容器损坏，设置过电压保护。装置设置控制字决定是投跳闸还是发信号，当控制字为"1"并且投电压保护开入为"1"时装置过电压跳闸，否则装置发报警信号。

3. 低电压保护

为防止系统故障后线路断开引起电容器组失去电源，而线路重合又使母线带电，使电容器组承受合闸过电压而损坏，装置中设置经投电压保护开入控制的低电压保护。低电压保护经整定控制字选择是否经电流闭锁，以防止 TV 断线造成低电压保护误动。

4. 零序电压（不平衡电压保护）与零序电流（不平衡电流保护）

主要反映电容器组中电容器的内部击穿。

5. 接地保护

由于装置应用于不接地或小电流接地系统，在系统中发生接地故障时，其接地故障点零序电流基本为电容电流，且幅值很小，用零序过流继电器来保护接地故障很难保证其选择性。在本装置中接地保护实现时，由于各装置通过网络互联，信息可以共享，故采用比较同一母线上各线路零序电流基波或五次谐波幅值和方向的方法来获得接地线路，并通过网络下达接地试跳命令来进一步确定接地线路。

在经小电阻接地系统中，接地零序电流相对较大，故采用直接跳闸方法，装置中设一段零序过流继电器（可整定为报警或跳闸）。

当然在某些不接地系统中，电缆出线较多，电容电流较大，也可采用零序电流继电器直接跳闸方式。

6. 装置闭锁和运行异常告警

当装置检测到本身硬件故障时，发出装置故障闭锁信号（BSJ 继电器返回），同时闭锁整套保护。硬件故障包括：RAM 出错、EPROM 出错、定值出错、电源故障。

当装置检测到下列状况时，发出运行异常信号：①过电压报警；②TV 断线；③频率异常；④TA 断线；⑤跳闸位置继电器 TWJ 异常；⑥控制回路断线；⑦弹簧未储能；⑧零序电流报警；⑨接地报警。

3.2 保护调试的安全和技术措施

本节包含 10kV 线路（电容器）保护装置调试的工作前准备和安全技术措施，通过要点归纳、图表举例，掌握 10kV 线路（电容器）保护装置现场调试的危险点预控及安全技术措施。

3.2.1　调试前的准备工作

（1）检修作业前 3 天做好检修准备工作，并在检修作业前 2 天提交相关停役申请。准备工作包括检查设备状况、反措计划的执行情况及设备的缺陷等。

（2）根据本次校验的项目，组织作业人员学习作业指导书，使全体作业人员熟悉作业内容、进度要求、作业标准、安全注意事项。要求所有工作人员都明确本次校验工作的内容、进度要求、作业标准及安全注意事项。

（3）明确工作人员分工，针对技术负责、仪器仪表管理、图纸资料管理、专责安全监护人员等进行指定和明确。

（4）梳理待检修设备存在的缺陷以及以往缺陷统计，配合检修进行消缺。

（5）开工前 1 天，准备好作业所需仪器仪表、相关材料、工器具。要求仪器仪表、工器具应试验合格，满足本次作业的要求，材料应齐全。

仪器仪表主要有：绝缘电阻表、继电保护三相校验装置，钳形相位表、Ｖ－Ａ 特性测试仪、电流互感器变比测试仪等。

工器具主要有：个人工具箱、计算器、电烙铁等。

相关材料主要有：绝缘胶布、自黏胶带、电缆、导线、小毛巾、焊锡丝、松香、中性笔、口罩、手套、毛刷、逆变电源插件等相关备件，根据实际需要确定。

（6）最新整定单、相关图纸、上一次试验报告、本次需要改进的项目及相关技术资料。要求图纸及资料应与现场实际情况一致。

主要的技术资料有：10kV 线路（电容器）保护图纸、10kV 线路（电容器）保护装置技术说明书、10kV 线路（电容器）保护装置使用说明书、10kV 线路（电容器）保护装置校验规程。

（7）根据现场工作时间和工作内容填写工作票（第一种工作票应在开工前一天交值班员），工作票应填写正确，并按《国家电网公司电力安全工作规程（变电部分)》执行。

3.2.2　安全技术措施

1．防止人身触电

（1）误入带电间隔。控制措施：工作前应熟悉工作地点、带电部位；检查现场安全围栏、安全警示牌和接地线等安全措施。

（2）接、拆低压电源。控制措施：必须使用装有漏电保护器的电源盘；螺丝刀等工具金属裸露部分除刀口外包绝缘；接拆电源时至少两人执行，必须在电源开关拉开的情况下进行；临时电源必须使用专用电源，禁止从运行设备上取得电源。

（3）保护调试及整组试验。控制措施：工作人员之间应互相配合，确保一次、二次回路上无人工作；传动试验必须得到值班员许可并配合。

2．防止机械伤害

主要指坠落物打击。控制措施：工作人员进入工作现场必须戴安全帽。

3．防止高空坠落

主要指在断路器或电流互感器上工作时坠落。控制措施：正确使用安全带，鞋子应防滑。必须系安全带，上下断路器或电流互感器本体由专人监护。

4. 防"三误"事故的安全技术措施

（1）现场工作前必须充分做好以下准备：

1）了解工作地点一次、二次设备运行情况，确认本工作与运行设备有无直接联系。

2）工作人员明确分工并熟悉图纸与检验规程等有关资料。

3）应具备与实际状况一致的图纸、上次检验记录、最新整定单、检验规程、合格的仪器仪表、备品备件、工具和连接试验线。

4）工作前认真填写安全措施票，并经技术负责人认真审批。

5）工作开工后先执行安全措施票，由工作负责人负责做的每一项措施要在"执行"栏作标记，校验工作结束后，要持此票恢复所做的安全措施，以保证完全恢复。

6）不允许在未停用的保护装置上进行试验和其他测试工作，也不允许在保护未停用的情况下用装置的试验按钮做试验。

7）只能用整组试验的方法，即由电流及电压端子通入与故障情况相符的模拟故障量，检查保护回路及整定值的正确性。不允许用卡继电器触点、短路触点等人为手段做保护装置的整组试验。

8）在校验继电保护及二次回路时，凡与其他运行设备二次回路相连的压板和接线应有明显标记，并按安全措施票仔细地将有关回路断开或短路，做好记录。

9）在清扫运行中设备和二次回路时，应认真仔细，并使用绝缘工具（毛刷、吹风机等），特别注意防止振动，防止误碰。

10）严格执行风险分析卡和继电保护作业指导书。

（2）现场工作应按图纸进行，严禁凭记忆作为工作的依据。如发现图纸与实际接线不符时，应查线核对。需要改动时，必须履行如下程序：

1）先在原图上做好修改，经主管继电保护部门批准。

2）拆动接线前要与原图核对，接线修改后要与新图核对，并及时修改底图，修改运行人员及有关各级继电保护人员的图纸。

3）改动回路后，严防寄生回路存在，没用的线应拆除。

4）在变动二次回路后，应进行相应的逻辑回路整组试验，确认回路极性及整定值完全正确。

（3）保护装置调试的定值，必须根据最新整定单规定，先核对通知单与实际设备是否相符，包括保护装置型号、被保护设备名称、互感器接线、变比等。定值整定完毕要认真核对，确保正确。

5. 其他危险点及控制措施

保护室内使用无线通信设备易造成其他正在运行的保护设备不正确动作。控制措施：不在保护室内使用无线通信设备，尤其是对讲机。

为防止一次设备试验影响二次设备，试验前应断开保护屏电流端子连接片，并对外侧端子进行绝缘处理。

电压小母线带电易发生电压反送事故或引起人员触电。控制措施：断开交流二次电压引入回路，并用绝缘胶布对所拆线头实施绝缘包扎，带电的回路应尽量留在端子上防止误碰。

带电插拔插件，易造成集成块损坏。频繁插拔插件，易造成插件插头松动。控制措施：插件插拔前关闭电源。

需要对一次设备进行试验时，如开关传动、TA 极性试验等，应提前与一次设备检修人员进行沟通，避免发生人身伤害和设备损坏事故。

部分带电回路可能引起工作中的短路或接地，或导致运行设备受到影响，这些回路应该在试验前断开或进行可靠隔离。

3.3 保护的调试

本节包含 10kV 线路（电容器）微机保护装置调试的主要内容。通过要点归纳、图表举例、分析说明，掌握 10kV 线路（电容器）微机保护装置调试的作业程序、调试项目、各项目调试方法等内容。

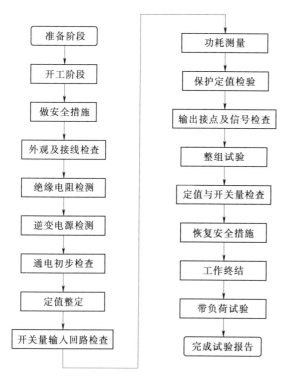

图 3-1 10kV 线路（电容器）微机保护装置的调试作业流程图

3.3.1 作业流程

10kV 线路（电容器）微机保护装置的调试作业流程见图 3-1。

3.3.2 校验项目、技术要求及校验报告

1. 清扫、紧固、外部检查

（1）检查装置内、外部是否清洁无积尘、无异物，清扫电路板的灰尘。

（2）检查各插件插入后解除良好，闭锁到位。

（3）切换开关、按钮、键盘等操作灵活、手感良好。

（4）压板接线压接可靠性检查，螺丝紧固。

（5）检查保护装置的箱体或电磁屏蔽体与接地网可靠连接。

2. 逆变电源工况检查

（1）检查电源的自启动性能：拉合直流开关，逆变电源应可靠启动。

（2）进入装置菜单，记录逆变电源输出电压值。

3. 软件版本及 CRC 码检查

（1）进入装置菜单，记录装置型号、CPU 版本信息。

（2）进入装置菜单，记录管理版本信息。

注意事项：与最新整定单核对校验码及程序形成时间。

4. 交流量的调试

（1）零漂检验。进入本项目检验时要求保护装置不输入交流量。进入保护菜单，检查保护装置各 CPU 模拟量输入，进入三相电流和零序电流、三相电压通道的零漂值检验，要求零漂值均在 $0.01I_N$（或 $0.05V$）以内。检验零漂时，要求在一段时间（3min）内零漂值稳定在规定范围内。

（2）模拟量幅值特性检验。用保护测试仪同时测试接入装置的三相电压输入、三相电流和零序电流输入。调整输入交流电压和电流分别为额定值的 120%、100%、50%、10% 和 2%，要求保护装置采样显示与外部表计误差应小于 3%，在 2% 额定值时允许误差 10%。

不同的 CPU 应分别进行上述试验。在试验过程中，如果交流量的测量误差超过要求范围时，应首先检查试验接线、试验方法、外部测量表计等是否正确完好，试验电源有无波形畸变，不可急于调整或更换保护装置中的元器件。部分检验只要求进行额定值精度检验。

（3）模拟量相位特性检验。按上文（2）中规定的试验接线和加交流量方法，将交流电压和交流电流均加至额定值。检查各模拟量之间的相角，调节电流、电压相位，当同相别电压和电流相位分别为 0°、45°、90° 时装置显示值与表计测量值之差应不大于 3°。部分检验时只要求进行选定角度的检验。

5. 开入、开出量调试

（1）开关量输入测试。进入保护菜单检查装置开入量状态，依次进行开入量的输入和断开，同时监视液晶屏幕上显示的开入量变位情况。要求检查时带全回路进行，尽量不用短接触点的方式，保护装置的压板、切换开关、按钮等直接操作进行检查，与其他保护接口的开入或与断路器机构相关的开入进行实际传动试验检查。

（2）输出触点和信号检查。配合整组传动进行试验，不单独试验。全部检验时要求直流电源电压为 80% 额定电压值下进行检验，部分检验时用全电压进行检验。

6. 逻辑功能测试

（1）过流保护。加入保护电流，模拟相间故障，模拟故障电流为

$$I = mI_{setn}$$

式中　I_{setn}——过流 n 段保护定值；

　　　m——系数，其值分别为 0.95、1.05 及 1.2。

保护在 0.95 倍定值（$m=0.95$）时，应可靠不动作；在 1.05 倍定值时应可靠动作；在 1.2 倍定值时，测量过流保护的动作时间，时间误差应不大于 5%。

（2）零序过流保护。加入零序电流，模拟单相接地故障，模拟故障电流为

$$I = mI_{seto}$$

式中　I_{seto}——零序过流保护定值；

　　　m——系数，其值分别为 0.95、1.05 及 1.2。

保护在 0.95 倍定值（$m=0.95$）时，应可靠不动作；在 1.05 倍定值时应可靠动作；在 1.2 倍定值时，测量零序过流保护的动作时间，时间误差应不大于 5%。

（3）低周减载保护。具体如下：

1）低频减载动作原理。装置无告警信号，即系统有压、运行正常，装置的电压、频

率采样回路正常；装置检测到系统频率低于整定值；装置的闭锁元件不启动，即滑差闭锁、故障状态检测不动作。当满足上述三个条件时，低频减载装置启动。

2）低压减载动作原理。装置无告警信号，即系统有压、运行正常；装置检测到系统电压低于整定值；装置的闭锁元件不启动，即滑差闭锁、故障状态检测不动作。当满足上述三个条件时，低压减载装置启动。

（4）过电压保护。具体如下：

1）整定保护定值控制字中"过电压保护投入"置"1"。

2）模拟故障，电压大于 $1.05U_{GYZD}$（其中 U_{0ZD} 为零序过压定值），加故障量的时间应大于保护定值时间，装置面板上跳闸灯点亮，出口继电器闭合，液晶上显示"过电压跳闸"。

3）故障零序电压小于 $0.95U_{GYZD}$，过电压保护不动作。

（5）低电压保护。

1）整定保护定值控制字中"低电压保护"置"1"。

2）先加三相正常电压。

3）模拟故障，三个相间电压均小于 $0.95U_{DYZD}$（其中 U_{DYZD} 为低电压保护定值），加故障量时间应大于保护定值时间，装置面板上跳闸灯点亮，出口继电器闭合，液晶上显示"低电压保护跳闸"，低电压保护经 TWJ 闭锁。装置能自动识别三相 TV 断线，TV 断线闭锁低电压保护。

4）任一相间电压均大于 $1.05U_{DYZD}$，低电压保护不动作。

5）投入"低压电流闭锁"控制字，加电流大于 $1.05I_{BSZD}$，重复 1）~4），低电压保护不动作。

（6）不平衡电压保护。

1）整定保护定值控制字中"不平衡电压投入"置"1"。

2）不平衡电压大于 $1.05U_{0UZD}$（其中 U_{0UZD} 为不平衡电压定值），加故障量的时间应大于不平衡电压时间，装置面板上跳闸灯点亮，出口继电器闭合，液晶上显示"不平衡电压动作"。不平衡电压小于 $0.95U_{0UZD}$，不平衡电压保护不动作。

（7）TA、TV 断线功能检查。

1）TA 断线告警功能检测（单相、两相断线）。

2）TV 断线告警功能检测（单相、两相断线）。

3）TV 断线告警闭锁电压保护。

闭锁逻辑功能在端部检验时进行，部分校验只作告警功能。

7. 整组试验

整组试验时，统一加模拟故障电流，断路器处于合闸位置。进行传动断路器试验之前，控制室和开关室应有专人监视，并应具备良好的通信联络设备，以便观察断路器动作情况，监视中央信号装置的动作及声、光信号指示是否正确。如果发生异常情况时，应立即停止试验，在查明原因并改正后再继续进行。

（1）整组动作时间测量。本试验是测量从模拟故障至断路器跳闸的动作时间。要求测量断路器的跳闸时间并与保护的出口时间比较，其时间差即为断路器动作时间，一般应不大于 80ms。

（2）与中央信号、远动装置的配合联动试验。根据微机保护与中央信号、远动装置信息传送数量和方式的具体情况确定试验项目和方法。要求所有的硬接点信号都进行整组传动，不得采取短接触点的方式。另外还应检查保护动作报文的正确性。

8. 带负荷试验

在新安装检验时，为保证测试准确，要求负荷电流的二次电流值大于保护装置的精确工作电流（$0.06I_N$）时，应同时采用装置显示和钳形表测试进行相互校验，不得仅依靠外部钳形表测试数据进行判断。

（1）交流电压的相名核对。用万用表交流电压挡测量保护装置端子排上的交流相电压和相间电压，并校核本保护装置上的三相电压与已确认正确的 TV 小母线三相电压的相别。

（2）交流电压和电流的数值校验。进入保护菜单，检查模拟量幅值，并用钳形表测试回路电流电压幅值，以实际负荷为基准，检验电压、电流互感器变比是否正确。

（3）检验交流电压和电流的相位。进入保护菜单，检查模拟量相位关系，并用钳形表测试回路各相电流、电压的相位关系。在进行相位校验时，应分别检验三相电压的相位关系，并根据实际负荷情况，核对交流电压和交流电流之间的相位关系。

9. 定值与开关量状态的核查

打印保护装置的定值、开关量状态及自检报告，其中定值报告应与定值整定单一致；开关量状态与实际运行状态一致；自检报告应无保护装置异常信息。

3.4　典型缺陷处理分析

3.4.1　10kV 线路（电容器）保护装置电压异常（断线）

1. 缺陷现象

某变电站 10kV 线路（电容器）保护装置告警灯亮，装置报告"电压断线"。

2. 安全注意事项

根据现场实际状况判断是否为压变及二次回路故障，处理时加强监护、工器具应做好绝缘，防止电压二次回路因工具或人为疏忽导致电压回路短路或接地。

若经检查判断为装置插件故障，则需要将该线路间隔改为冷备用状态处理。

3. 缺陷原因诊断及分析

电压回路监视用以检测电压回路单相断线、两相断线和三相失压故障，在下面三个条件之一得到满足的时候，装置报告"电压断线或失压"、告警灯亮。

（1）三相电压均小于 8V，某相电流大于 0.25A，判为三相失压。

（2）三相电压和大于 8V，最小线电压小于 16V，判为两相电压断线。

（3）三相电压和大于 8V，最大线电压与最小线电压差大于 16V，判为单相电压断线。

根据保护装置原理，装置在检测到电压断线后，根据控制字的设置情况，自动退出距离保护；当重合闸投检无压或检同期方式时，若模拟量自检功能投入，电压断线会闭锁自动重合闸，当电压恢复时重合闸也自动恢复。

电压断线故障原因主要有二次回路故障、空气开关故障、二次回路配线故障、保护装置交流插件或采样模块故障等。

检查判断故障点：测试空气开关上桩头电压输入，若电压输入不正常，则可以判断电压输入二次回路有故障；若空气开关上桩头有输入而下桩头输出不正常，则可以判断为空气开关故障；若空气开关正常而装置输入不正常，则可以判断为屏内二次回路配线故障；保护装置的电压端子上的输入电压正常，但保护装置内部显示不正常，则判断交流采样插件或者采样模块故障。

4．缺陷处理

（1）电压二次回路故障。查找故障时首先检查外部输入的交流电压是否正常。检查保护装置交流电压空气开关 1ZKK 输入是否正常，用万用表测量空气开关上桩头电压（注意选择万用表"交流电压"挡位，不得用低阻挡测量），若空气开关上桩头电压不正常，则检查电压小母线至保护装置空气开关上桩头之间的配线是否存在断线、短路、绝缘破损、接触不良等情况（不考虑全站交流电压回路异常的情况，检查中注意不得引起电压回路短路、接地）。

处理方案：对二次配线进行紧固或更换，特别要注意自屏顶小母线的配线更换时要先拆电源侧，再拆负荷侧；恢复时先恢复负荷侧，后恢复电源侧。更换完毕后，对二次线再次进行检查、紧固，并测量空气开关上桩头电压是否恢复正常。

（2）空气开关故障。若测得保护装置交流电压空气开关 1ZKK 上桩头电压正常，则检查空气开关下桩头电压是否正常，若空气开关下桩头电压不正确，则可以判断为交流电压空气开关故障。

处理方案：更换交流电压空气开关。

注意：空气开关上桩头的配线带电，工作中注意用绝缘胶带包扎好；防止方向套脱落。更换中不要引起屏上其余运行中的空气开关的误跳，必要时用绝缘胶带进行隔离。更换完毕后，对二次配线再次进行检查、紧固，并测量空气开关下桩头电压是否恢复正常。

（3）电压回路配线检查。若测得保护装置交流电压空气开关 1ZKK 下桩头电压正常，则继续检查端子排内侧至保护装置的各个电压端子上的电压，若存在异常，则应先检查空气开关下桩头至端子排的配线是否存在断线、短路、绝缘破损、接触不良等情况。

处理方案：对二次配线进行紧固或更换，更换完毕后，对二次配线再次进行检查、紧固，并测量至保护装置交流插件的电压端子上的电压是否恢复正常。

（4）交流插件或者采样模块故障。若保护装置的电压端子上的输入电压正常，但保护装置内部显示不正常，则判断交流采样插件或者采样模块故障。

处理方案：处理插件故障时需将该线路间隔改为冷备用状态，并断开保护装置直流控制电源空气开关，将交流采样插件抽出，检查电压小母线，并进行相关测试以确定故障点，对故障元件进行更换或直接更换交流采样插件或采样模块，更换完毕后，将装置恢复送电，并检查装置上的电压显示是否恢复正常。

3.4.2　10kV 线路（电容器）保护装置运行灯灭（闪烁）

1．缺陷现象

某变电站 10kV 线路（电容器）保护装置运行指示灯灭（闪烁）。

2. 安全注意事项

保护装置运行指示灯灭时，保护功能可能失去作用，需将该线路间隔改为冷备用状态处理。

3. 缺陷原因诊断及分析

保护装置运行指示灯灭（闪烁），故障原因主要有保护用直流电源回路故障、保护装置电源插件和面板故障等。对保护装置进行外部检查，注意除告警灯外是否有其他异常信号，各种正常运行监视灯、面板显示是否正常，注意保护装置有无异常声响、焦臭气味、冒烟、冒火及其他异常现象。

检查判断故障点：若装置输入直流电压不正常，则可判断为保护用直流回路故障；若装置的输入直流电压正常而输出不正常，则可判断为装置电源插件故障；若装置直流电源输入、输出均正常，则可以判断仅为保护装置面板故障引起。

4. 缺陷处理

（1）保护用直流电源回路故障。用万用表"直流电压"挡位在保护装置背面端子排电源输入处测量直流电源电压，若直流电源电压不正常，则检查从保护装置背面端子排至屏顶小母线的配线是否存在断线、短路、绝缘破损、接触不良等情况，空气开关是否正常（不考虑全站直流电压回路异常的情况）。

二次配线断线、短路、绝缘破损、接触不良的处理方案：对二次配线进行紧固或更换。特别要注意自屏顶小母线的配线更换时要先拆电源侧，再拆负荷侧；恢复时先恢复负荷侧，后恢复电源侧。

处理方案：更换直流电压空气开关。需要注意空气开关上桩头的配线带电，工作中需用绝缘胶带包扎好，防止方向套脱落。更换完毕后，对二次线再次进行检查、紧固。

（2）保护装置电源插件故障。若保护装置输入直流电压正常，装置无显示，且遥信、遥测数据都中断，则可以初步判断为保护装置电源插件故障。

处理方案：处理时断开保护装置直流电源空气开关，将电源插件抽出，并进行相关测试以确定故障点。对故障元件进行更换或直接更换电源插件。更换后合上保护装置直流电源空气开关，此时保护装置启动。一段时间后观察通信情况是否恢复正常，运行指示灯与告警灯的指示是否正常。

注意：新更换的电源插件直流电源额定电压应与原保护装置的直流电源额定电压相一致。

（3）保护装置面板故障。若保护装置无显示，但是遥信、遥测数据上传正常，则可以判断为保护装置面板故障。

处理方案：断开保护装置直流电源空气开关，断开面板通信线，将面板抽出，并进行相关测试以确定故障点。确定后对故障元件进行更换，或直接更换面板。更换后合上保护装置直流电源空气开关，进行相关测试确认面板恢复正常。

注意：更换面板时需要确定面板的选型和版本是否匹配，防止因面板不匹配导致再次异常；更换面板后，为防止地址冲突，应先对新面板的通信地址、通信串口设置按原面板的参数进行设置，然后方可恢复通信线。更换面板后，可通过键盘试验、调定值、检查采样值等操作，检查新面板功能是否正常。

3.4.3　10kV线路（电容器）保护装置黑屏

1．缺陷现象

某变电站10kV线路（电容器）保护装置黑屏。

2．安全注意事项

当10kV线路（电容器）保护装置出现黑屏时，保护装置处于异常运行状态，在检查时应改为冷备用状态，防止设备于无保护状态运行；插拔装置插件时应断电处理，防止带电插拔插件；禁止用手触摸芯片，防止人体静电损坏插件。

3．缺陷原因诊断及分析

引起10kV线路（电容器）保护装置黑屏主要原因有：由于二次回路原因造成装置失电、电源插件损坏、液晶屏损坏等。

检查判断故障点：测量装置电源输入，如不正常则可判断黑屏是由于电源二次回路故障引起；若装置输入直流电压正常而输出不正常，则可判断为装置电源插件故障；若装置直流电源输入、输出均正常，则可以判断仅为面板故障引起黑屏。

4．缺陷处理方法

（1）二次回路故障造成装置失电（排除二次回路短路）。首先确定进入保护装置的直流电源是否正常。若不正常，检查保护装置到端子排的电源线直流电压是否正常。若正常，说明接线接触不良，重新紧固螺丝；若不正常，再检查端子排到控制电源开关的电压是否正常。若正常，说明接线接触不良，重新紧固螺丝；若不正常，再检查控制电源开关上下两端电压是否正常。若正常，说明接线接触不良，重新紧固螺丝；若不正常，再检查控制电源开关到直流小母线的电压。

（2）保护装置内部故障。若上述二次回路正常，则可以判断为保护装置内部出现故障，首先检查电源插件供给面板的电源是否正常（装置内部连接面板的排线是否有断线、接触不良的情况，更换面板排线），若正常可以认定为装置面板出现故障，更换面板；若不正常，可以确定为电源插件损坏，更换电源插件。

3.4.4　10kV线路（电容器）保护装置告警无法复归

1．缺陷现象

某变电站10kV线路（电容器）保护装置告警灯亮且无法复归。

2．安全注意事项

保护装置告警无法复归，故障原因主要有装置自检告警、外部回路告警、面板故障、CPU故障、装置逻辑插件故障等。

若根据保护液晶显示的报文判断是外部回路引起的故障，处理时应注意防止误碰、误断、误短接，若判断是装置内部插件故障需将该线路间隔改为冷备用状态处理。

3．缺陷原因诊断及分析

保护装置告警灯亮信号无法复归，应检查装置最新自检报告，查看告警原因并做相应处理，若装置最新自检报告无异常报告则说明为保护装置内部故障，可通过更换面板、CPU插件或逻辑插件来消除故障。

告警信息分为Ⅰ类告警和Ⅱ类告警。Ⅰ类告警属于严重告警，告警后将切断CPU的＋24V电源，此时保护装置将失去保护功能；Ⅱ类告警用于检测到装置异常但不必切断＋24V电源的场合，如外部异常、操作错误等告警，此时保护装置未失去保护功能。以四方CSL系列为例，其Ⅰ类、Ⅱ类告警代码见表3-2、表3-3。

表3-2 Ⅰ类告警的告警代码

编号	代码	含 义	对 策
1	DACERR	模拟量输入错	更换VFC板或CPU插件
2	ROMERR	ROM校验错	更换CPU插件
3	SETERR	定值错	重新固化该区定值，如无效请更换CPU插件
4	SZONERR	定值区指针错	投入压板或切换定值区，如无效请更换CPU插件
5	BADDRV	开出无响应	更换CPU插件
6	BADDRV1	开出击穿	更换CPU插件

表3-3 Ⅱ类告警的告警代码

编号	代码	含 义	对 策
1	DIERR	开入告警	检查屏上开入端子是否击穿，如无效请更换CPU插件
2	VFCERR	VFC不可自动调整	手动调整电位器
3	CLOCK ERR	面板时钟芯片坏	更换MMI板

4. 缺陷处理

（1）线路过负荷、电压断线等自检告警。观察保护液晶面板显示的报文，根据代码表查看看报文显示是什么原因引起的告警。检查装置最新自检报告，查看告警是否由于线路过负荷、电压断线等原因引起，并做相应处理。

处理方案：电压回路告警按"电压断线"处理方法排查，过负荷告警则应尽快汇报相关部门，安排负荷转移或采取错峰等措施。

（2）外部回路告警。根据保护液晶显示的报文判断是否为外部回路故障，如弹簧未储能、控制回路断线告警等。

处理方案：根据图纸，首先检查储能电源回路：HM电压是否正常，熔丝有没有熔断等；再检查二次端子排到开关机构内触点的储能回路是否正常；如果不正常，处理该回路，正常再对储能电机工作等方面逐一检查。若为控制回路断线则按照"控制回路断线"的处理方法进行。

（3）保护装置面板故障。若装置最新自检报告无异常，且各输入回路都正常，则初步判断为保护装置面板故障。

处理方案：断开保护装置直流电源空气开关，断开面板通信线，将面板抽出，并进行相关测试以确定故障点。对故障元件进行更换，或直接更换面板，更换后合上保护装置直流电源空气开关，进行相关测试确认面板恢复正常。

注意：更换面板时需要确定面板的选型和版本是否匹配，防止因面板不匹配导致再次异常；更换面板后，为防止地址冲突，应先对新面板的通信地址、通信串口设置按原面板的参数进行设置，然后方可恢复通信线。更换面板后，可通过键盘试验、调定值、检查采样值等操作，检查新面板功能是否正常。

（4）CPU故障。若更换面板后仍未恢复正常，则可能为由CPU故障引起的告警，现象为：当人工复归后，面板上出现反复启动，无法进入装置的菜单，无法查看告警内容，有时还会引起保护装置通信中断。

处理方案：更换CPU插件，更换后应对保护装置进行全校。

（5）装置逻辑插件故障。若面板和CPU插件均没有故障，则需进一步检查保护装置逻辑插件或更换新的逻辑插件，处理前先断开保护装置直流电源空气开关，将逻辑插件抽出，并进行相关测试以确定故障点，对故障元件进行更换或直接更换逻辑插件。更换后合上保护装置直流电源空气开关，此时保护装置启动，一段时间后观察运行指示灯与告警灯的指示情况。保护装置恢复正常后做保护传动试验，检查保护装置的动作指示是否正确，并由运行人员验收核对。

3.4.5 10kV线路（电容器）保护装置通信中断

1. 缺陷现象

某变电站10kV线路（电容器）保护装置通信中断。

2. 安全注意事项

若保护装置通信中断是由于通信通道故障引起，则无需将保护改信号；若为保护装置电源回路或插件故障引起，将导致保护失去，需将该线路间隔改为冷备用状态处理。

3. 缺陷原因诊断及分析

保护装置通信中断，故障原因主要有直流电源回路故障、保护装置电源插件故障、装置面板故障、通道故障等。

检查判断故障点：保护装置面板运行灯不正常时，检查直流电源，如输入电压不正常，则可以判断为直流电源回路故障；保护装置面板运行灯不正常，而输入电压正常，则可以初步判断为电源插件故障；保护装置面板运行灯正常，但遥测、遥信数据不刷新，则可以判断为面板故障；若保护装置面板运行正常，数据刷新正常且按键操作正常，仅与监控后台通信不正常，则可以判断为通信通道故障。

4. 缺陷处理

（1）直流电源回路故障。若保护装置黑屏或者面板闪烁，则用万用表"直流电压"挡位在保护装置背面端子排电源输入处测量直流电源电压，从而确定是否由于装置外部直流电源回路故障引起。

处理方案：若为二次配线断线、短路、绝缘破损、接触不良引起，则对二次配线进行紧固或更换，特别要注意自屏顶小母线的配线更换时要先拆电源侧，再拆负荷侧；恢复时先恢复负荷侧，后恢复电源侧。若为直流电压空气开关故障引起，则更换直流电压空气开关，需要注意，空气开关上桩头的配线带电，工作中注意用绝缘胶带包扎好；防止方向套脱落。更换完毕后，对二次线再次进行检查、紧固。

（2）电源插件故障。若装置外部直流电源回路输入正常，则测量保护装置＋24V输出电压（可在端子排处或装置背板处测得），若测得电压不正常，则判断可能是保护装置电源插件故障。

处理方案：断开保护装置直流电源空气开关，将电源插件抽出，并进行相关测试以确定故障点。对故障元件进行更换或直接更换电源插件，更换后合上保护装置直流电源空气开关，此时保护装置启动，一段时间后观察通信情况是否恢复正常，运行监视灯是否正常；若保护装置输入直流电压正常，装置无显示，但是遥信、遥测数据上传正常，则可以判断为保护装置面板液晶故障，更换液晶。

注意：新更换的电源插件直流电源额定电压应与原保护装置的直流电源额定电压相一致。

（3）装置面板故障。若保护装置面板出现乱码，或者遥信、遥测数据显示不正常，则判断可能是保护装置面板故障。

处理方案：断开保护装置直流电源空气开关，断开面板通信线，将面板抽出，并进行相关测试以确定故障点。对故障元件进行更换，或直接更换面板。更换后合上保护装置直流电源空气开关，进行相关测试确认面板恢复正常。

注意：更换面板时需要确定面板的选型和版本是否匹配，防止因面板不匹配导致再次异常；更换面板后，为防止地址冲突，应先对新面板的通信地址、通信串口设置按原面板的参数进行设置，然后方可恢复通信线。更换面板后，可通过键盘试验、调定值、检查采样值等操作，检查新面板功能是否正常。

（4）通道故障。若保护装置面板的循环显示正常，则检查通信通道是否通畅，保护装置通信连接接口处有无松动，此时保护装置功能正常，处理时无需将保护改信号。

处理方案：根据现场告警的现象，分析是个别装置通信中断还是大部分保护装置都发生通信中断。如果是大部分保护装置都发生通信中断，检查交换机、保护管理机、通信网关或网络总线部分是否正常；如果只是该装置通信中断，那么检查本装置的通信线接触是否良好，进行必要的检查、紧固，若完好，则检查人机交换线是否接触良好，必要时更换通信线。

3.4.6 10kV 线路（电容器）保护装置动作指示不正确

1. 缺陷现象

某变电站 10kV 线路（电容器）保护装置保护动作指示不正确。

2. 安全注意事项

保护动作指示不正确时，需将该线路间隔改为冷备用状态处理。

3. 缺陷原因诊断及分析

保护动作指示不正确的故障原因主要有：整定值设置错误、保护装置 CPU 插件故障、保护装置逻辑插件故障、电源插件故障等。

检查判断故障点：保护功能试验检查，功能不正常则可以判断为整定值设置错误或 CPU 插件、逻辑插件有故障；保护功能试验正常，而保护装置出口不正常，则可以判断为装置电源板故障；保护装置出口正常，但一次设备动作不正常，则可以判断为二次回路故障。

4．缺陷处理

（1）整定值设置错误。检查保护装置实际整定值与整定单是否一致。

处理方案：合上保护装置直流电源空气开关，进入保护装置当前运行定值区，与最新整定单核对，若发现有不一致之处，修改后重新做保护功能校验和传动试验，检查保护装置的动作指示是否正确，并由运行人员验收核对。

（2）CPU 插件故障。若保护装置整定值检查正常，外观也正常，则初步判断为保护装置 CPU 插件故障。

处理方案：做保护功能校验和传动试验，检查保护装置的动作指示是否正确，若不正确，则确认 CPU 插件异常，断开保护装置直流电源空气开关，对故障元件进行更换或直接更换 CPU 插件。更换后依据整定单重新整定，并做保护功能校验和传动试验，检查保护装置的动作指示是否正确，并由运行人员验收核对。

（3）逻辑插件故障。若更换 CPU 插件后仍未恢复正常，则判断为保护装置逻辑插件故障。

处理方案：断开保护装置直流电源空气开关，将逻辑插件抽出，并进行相关测试以确定故障点。对故障元件进行更换或直接更换逻辑插件，更换后合上保护装置直流电源空气开关，此时保护装置启动，一段时间后观察运行指示灯与告警灯的指示情况。保护装置恢复正常后做保护功能校验和传动试验，检查保护装置的动作指示是否正确，并由运行人员验收核对。

（4）电源插件故障。若上述检查都正常，仅动作、信号不正确，则需进一步检查电源插件，测量装置直流电源输入、输出、装置 24V 输出电压（可在端子排处、装置背板处或用转接板测得），若测得电压不正常，则判断可能是保护装置电源插件故障。

处理方案：处理时断开保护装置直流电源空气开关，将电源插件抽出，并进行相关测试以确定故障点。对故障元件进行更换或直接更换电源插件，更换后合上保护装置直流电源空气开关，此时保护装置启动，一段时间后观察通信情况是否恢复正常，运行指示灯与告警灯的指示是否正常。

注意：新更换的电源插件直流电源额定电压应与原保护装置的直流电源额定电压相一致。

（5）二次回路问题。出口二次回路的检查可以采用测量对地直流电压的方法，用万用表依次测量该出口回路压板上桩头至合闸线圈各节点电压（－110V，220V 直流系统），并测量保护装置背板至压板下桩头的电阻（为 0）及保护背板上出口触点上端子电压（＋110V，220V 直流系统）是否正常。

处理方案：找出故障点，检查是否电缆芯线头或端子松动、腐蚀，必要时予以更换。处理正常后，进行相应功能和整组传动试验。

3.4.7　10kV 线路保护装置异常合闸

1．缺陷现象

10kV 线路保护故障使保护动作跳闸、开关手车从热备用位置移动至冷备用位置过程时，开关自动合闸。

2. 安全注意事项

线路保护重合闸开关自动合闸处理可能涉及二次回路及开关机构内接线，应将开关改检修状态，工作中加强监护，认真核对实际接线与图纸。

3. 缺陷原因诊断及分析

10kV 线路保护开关自动合闸主要由保护装置故障、二次寄生回路等问题引起。

检查判断故障点：保护功能试验检查，功能不正常则可以判断为保护装置有故障；保护装置出口正常，但一次设备动作不正常，则可以判断为二次回路故障。

4. 缺陷处理

(1) 保护装置故障。先查看保护中定值整定情况，保护功能是否正常。

处理方案：针对定值情况用仪器测试保护自动重合功能是否正常。

(2) 存在寄生二次回路。认真核对实际接线与图纸，通过传动试验查找二次寄生回路，测试各回路接线准确无误。

例如，某变电所 10kV 线路故障，保护动作跳闸，开关手车从热备用位置移动至冷备用位置过程时，当开关手车到达冷备用位置时自动合闸。

处理方案：检查故障发生时，KKJ 在合后位置，重合压板在投入位置，经查保护装置正常，核对实际接线与图纸，无寄生二次回路。

核对实际接线与图纸，当 10kV 线路开关因故障保护动作跳闸后，若不将保护装置中的合后继电器 KKJ 复位到分闸后位置，当开关手车从热备用位置（BT2 接点闭合）移动至冷备用位置（BT1 接点闭合）过程中，开关手车本身位置将断开合闸回路，此时保护控制回路断线（但 NSR616 保护装置未告警），跳闸位置继电器 TWJ 返回，满足保护重合闸充电要求（KKJ 合后且开关在合闸状态），重合闸开始充电。若开关手车从热备用位置移动至冷备用位置时间超过重合闸充电时间，重合闸已准备充分。当开关移到冷备用位置的瞬间合闸回路接通，开关跳闸位置继电器 TWJ 开入，满足保护不对应启动重合闸条件，重合闸动作，开关合闸；若不将合后继电器 KKJ 和开关位置对位，开关手车从冷备用位置移动至热备用位置，同样发生开关自动合闸，形成带负荷合隔离开关同样的后果。

需要对重合闸功能进行升级。在升级前可临时按下列方法处理：当手车开关的线路开关因故障跳开后，应从后台、KK 开关将控制回路工作状态和开关位置对位，或在操作开关手车前，将重合闸压板取下，防止类似情况发生。检修人员应在工作结束后及时将控制回路工作状态和开关位置对位，并将此工作要求列入作业指导书。

开关控制回路原理图见图 3-2。

3.4.8　10kV 线路保护装置重合闸无法充电

1. 缺陷现象

某变电站线路 10kV 线路保护装置重合闸无法充电。

2. 安全注意事项

线路保护重合闸无法充电，若由运行方式与重合方式不对应引起的则为正常情况；若由重合闸的相关压板投退错误引起的，则更改压板位置；若判断为定值设置错误、二次回路或保护装置内部插件故障时，需将该线路间隔改为冷备用状态处理。

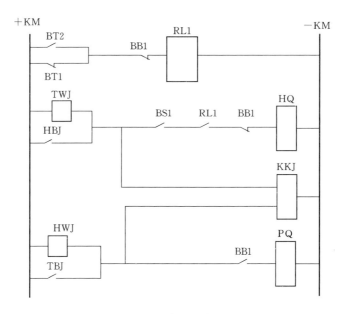

图 3-2　开关控制回路原理图

3. 缺陷原因诊断及分析

造成线路保护重合闸无法充电的主要原因有：重合闸功能软压板是否投入、保护的运行状态（当重合闸投检无压或检同期方式时，"电压断线"告警信号会闭锁自动重合闸；"控制回路断线""弹簧未储能"等异常信号使重合闸放电）、装置插件的开入量显示与实际不一致、CPU插件故障。

检查判断故障点：首先核对定值单确认重合闸是否投入；再通过装置面板检查是否有闭锁重合闸开入。测量开入量电平：若有高电平开入则说明二次回路有故障；若开入无高电平仅装置有开入量显示，则可以判断为装置开入插件故障；定值设置和开入量均正常，但重合闸依然不可充电，初步判断为保护装置CPU插件故障。

4. 缺陷处理

（1）整定值检查。检查保护装置实际整定值，与最新整定单核对，若发现有不一致之处，修改后重新做保护功能校验和传动试验，检查保护装置的充电功能、动作指示是否正确，并由运行人员验收核对。若由重合闸的相关压板投退错误引起的，则更改软压板位置后查看充电功能是否正常。

（2）二次回路故障。若装置面板上有"控制回路断线"或"弹簧未储能"等告警信息，则继续检查外部开入，若外部的确有异常开入，应对控制回路或储能回路进行检查。

处理方案：①控制回路断线处理时，检查开关机构内辅助接点是否接通，二次接线回路是否有断路现象，SF₆开关还应检查气压闭锁继电器接点是否接触良好（具体步骤参考控制回路断线处理章节）；②弹簧未储能处理时，检查储能电源空气开关或储能熔丝是否正常，检查储能回路是否完好、位置继电器接点是否到位，检查储能开关是否在接通位置，检查储能电机是否正常。

（3）保护装置开入插件故障。若外部无异常开入，仅装置面板上有"控制回路断线"

或"弹簧未储能"等告警信息，则判断为保护装置开入插件故障。

处理方案：断开保护装置直流电源空气开关，取出开入插件，并进行相关测试以确定故障点，对故障元件进行更换或直接更换开入插件。

注意：新换的开入插件版本信息应与原版本的相一致。更换后观察重合闸充电功能是否正常，并对各开入回路进行核对。

（4）保护装置CPU插件故障。若保护装置外部检查正常，装置无其他告警信息，则初步判断为保护装置CPU插件故障。

处理方案：断开保护装置直流电源空气开关，将CPU插件抽出，并进行相关测试以确定故障点。对故障元件进行更换或直接更换CPU插件，更换后检查重合闸充电功能是否正常。保护装置恢复正常后依据整定单重新整定，做保护功能校验和传动试验，检查保护装置的动作是否正确，并由运行人员验收核对。

第4章 备自投装置校验

典型110kV变电站内有110kV及10kV两个电压等级，配置有2台主变、2条110kV进线、2条10kV进线及接地变、电容器。其中有110kV备自投、10kV母分备自投和联络线备自投。通过理论学习和实训操作，可以使学员了解备用电源自投装置装置的基本工作原理、掌握装置的调试和校验方法，通过对测试数据的综合计算，判定装置是否符合运行要求。

4.1 基 础 知 识

4.1.1 备自投装置的工作原理

若正常运行时，一条进线带两段母线并列运行，另一条进线作为明备用，则采用进线备自投；若正常运行时，每条进线各带一段母线，两条进线互为暗备用，则采用分段备自投。接线方式见图4-1。

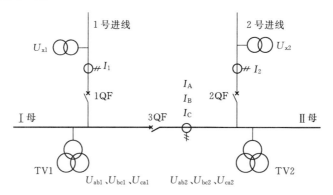

图 4-1 备自投接线方式

1. 模拟量输入

外部电流及电压输入经隔离互感器隔离变换后，由低通滤波器输入模数变换器，CPU经采样数字处理后形成各种保护继电器，并计算各种遥测量。

U_{a1}、U_{b1}、U_{c1}为Ⅰ母电压，U_{a2}、U_{b2}、U_{c2}为Ⅱ母电压。

U_{x1}、U_{x2}为两进线线路TV的电压输入，其额定电压可为100V或57.7V，可通过对"装置整定"-"装置参数"菜单中"线路TV额定二次值"项的整定来选择。

I_1、I_2为两进线一相电流，作无流检测用，用于防止TV断线时装置误启动。

2. 软件说明

装置引入两段母线电压（U_{ab1}、U_{bc1}、U_{ca1}、U_{ab2}、U_{bc2}、U_{ca2}），用于有压、无压判别。

引入两段进线电压（U_{x1}、U_{x2}）作为自投准备及动作的辅助判据，可经控制字选择是否使用。每个进线开关各引入一相电流（I_1、I_2），是为了防止 TV 三相断线后造成桥开关误投，也是为了更好地确认进线开关已跳开。

装置引入 1QF、2QF、3QF 开关位置接点（TWJ），用于系统运行方式判别、自投准备及自投动作。引入了 1QF、2QF、3QF 开关的合后位置信号（从开关操作回路引来），作为各种运行情况下自投的闭锁。另外还分别引入了闭锁方式 1～4 自投和总闭锁输入。

装置输出接点有跳 1QF、2QF，合 1QF、2QF、3QF 各两副接点，三组遥控跳合输出。信号输出分别为：装置闭锁（为常闭接点，可监视直流失电）、装置报警、保护跳闸、保护合闸各一副接点。

3. 线路备投（方式 1）

1 号进线运行，2 号进线备用，即 1QF、3QF 在合位，2QF 在分位。当 1 号进线电源因故障或其他原因被断开后，2 号进线备用电源应能自动投入，且只允许动作一次。为了满足这个要求，设计了类似于线路自动重合闸的充电过程，只有在充电完成后才允许自投。

（1）充电条件。

1）Ⅰ母、Ⅱ母均三相有压，当检 2 号线路电压控制字投入时，2 号线路有压（U_{x2}）。

2）1QF、3QF 在合位，2QF 在分位，经备自投充电时间后充电完成。备自投充电时间可在"装置整定"–"装置参数"菜单中整定。

（2）放电条件。

1）当检 2 号线路电压控制字投入时，2 号线路无压（U_{x2}），经 15s 延时放电。无压门槛是：当线路 TV 额定二次值为 100V 时为 U_{yy}；当线路 TV 额定二次值为 57.7V 时为 $0.577U_{yy}$。

2）2QF 合上。

3）手跳 1QF 或 3QF。

4）其他外部闭锁信号。

5）1QF、2QF 或 3QF 的 TWJ 异常。

6）整定控制字不允许 2 号进线开关自投。

7）远方退出备自投（软压板"备自投总投退"为 0）。

（3）动作过程。当充电完成后，Ⅰ母、Ⅱ母均无压启动（三相电压均小于无压启动定值），U_{x2} 有电压，I_1 无电流，则延时 T_{t1} 跳 1QF，确认 1QF 跳开后经 T_{h12} 延时，且Ⅰ母、Ⅱ母均无电压（三相电压均小于无压合闸定值）或满足同期条件 2（检同期 2 投入）时合 2QF。

若"加速方式 1、2"控制字投入，当备自投启动后，若 1QF 主动跳开（TWJ1＝1），则不经延时空跳 1QF，其后逻辑同上。若控制字"加速方式不跳闸"投入，则满足跳闸条件后将不跳 1QF，而直接经延时合闸。

方式 1 可选择经同期检查。检同期判据是：2 号进线电压 U_{x2}（必须接 AB 相间电压）$>U_{yy}$；Ⅱ母的 $U_{ab2}>U_{wy}$，且两者的相角差小于合闸同期角整定值 DG_{hz}。

4. 线路备投（方式2）

方式2过程同方式1。2号进线运行，1号进线备用。

（1）充电条件。

1）Ⅰ母、Ⅱ母均三相有压，当检1号进线电压控制字投入时，1号进线有压（U_{x1}）。

2）2QF、3QF在合位，1QF在分位。

经备自投充电时间后充电完成。

（2）放电条件。

1）当检1号进线电压控制字投入时，1号进线无压（U_{x1}），经15s延时放电。无压门槛是：当线路TV额定二次值为100V时为U_{yy}；当线路TV额定二次值为57.7V时为$0.577U_{yy}$。

2）1QF合上。

3）手跳2QF或3QF。

4）其他外部闭锁信号。

5）1QF、2QF或3QF的TWJ异常。

6）整定控制字不允许1号进线开关自投。

7）远方退出备自投（软压板"备自投总投退"为0）。

（3）动作过程。

当充电完成后，Ⅰ母、Ⅱ母均无压启动（三相电压均小于无压启动定值），U_{x1}有电压（JXY1投入时），I_2无电流，则延时T_{t2}跳2QF，确认2QF跳开后经T_{h12}延时，且Ⅰ母、Ⅱ母均无电压（三相电压均小于无压合闸定值）或满足同期条件1（检同期1投入时）合1QF。

若"加速方式1、2"控制字投入，当备自投启动后，若2QF主动跳开（TWJ2＝1），则不经延时空跳2QF，其后逻辑同上。若控制字"加速方式不跳闸"投入，则满足跳闸条件后将不跳2QF，而直接经延时合闸。

方式2可选择经同期检查。检同期判据是：1号进线电压U_{x1}（必须接AB相间电压）$>U_{yy}$；Ⅰ母的$U_{ab1}>U_{wy}$，且两者的相角差小于合闸同期角整定值DG_{hz}。

5. 分段（桥）开关自投（方式3、方式4）

当两段母线分列运行时，装置选择桥开关自投方案。

（1）充电条件。

1）Ⅰ母、Ⅱ母均三相有压。

2）1QF、2QF在合位，3QF在分位。

经备自投充电时间后充电完成。

（2）放电条件。

1）3QF在合位。

2）Ⅰ母、Ⅱ母均不满足有压条件（三相电压均小于U_{yy}），延时15s。

3）手跳1QF或2QF。

4）其他外部闭锁信号。

5）1QF、2QF或3QF的TWJ异常。

60

6）远方退出备自投（软压板"备自投总投退"为 0）。

（3）充电完成后动作过程。

1）方式 3：Ⅰ母无压启动（三相电压均小于无压启动定值）、1 号进线无电流，Ⅱ母有电压则经 T_{t3} 延时后跳 1QF。确认 1QF 跳开后经 T_{h34} 延时，且Ⅰ母无电压（三相电压均小于无压合闸定值）或满足同期条件 3（检同期 3 投入）时合上 3QF。

2）方式 4：Ⅱ母无压启动、2 号进线无电流，Ⅰ母有电压则经 T_{t4} 延时后跳 2QF。确认 2QF 跳开后经 T_{h34} 延时，且Ⅱ母无电压或满足同期条件 3（检同期 3 投入）时合上 3QF。

若"加速方式 3、加速方式 4"控制字投入，当备自投启动后，若 1QF 或 2QF 主动跳开，则不经延时空跳 1QF 或 2QF，其后逻辑同上。若控制字"加速方式不跳闸"投入，则满足跳闸条件后将不跳 1QF 或 2QF，而直接经延时合闸。

方式 3、4 可选择经同期检查。检同期判据是：失压侧母线 $U_{ab} > U_{wy}$，且两段母线 U_{ab} 的相角差小于合闸同期角整定值 DG_{hz}。

6. TV 断线

当自投方式 1、2、3、4 任一种投入时，Ⅰ母 TV 断线判别方法如下：

（1）正序电压小于 30V 时，I_1 有电流或 1QF 在跳位、3QF 在合位、I_2 有电流。

（2）负序电压大于 8V。

满足以上任一条件延时 10s 报Ⅰ母 TV 断线，断线消失后延时 2.5s 返回。

Ⅱ母 TV 断线判据与Ⅰ母类同。

线路 TV 断线判别：整定控制字要求检查线路电压，若线路电压 U_{x1}（U_{x2}）无电压，则经 10s 报 1 号（2 号）进线 TV 断线，断线消失后延时 2.5s 返回。

7. 装置告警

当 CPU 检测到本身硬件故障时，发出装置报警信号，同时闭锁整套保护。硬件故障包括：RAM 出错、EPROM 出错、定值出错、电源故障。

当装置发出运行异常报警时，可能有以下问题：

（1）开关有电流（I_1、I_2、I_A 或 I_B 或 I_C）而相应的 TWJ（1QF、2QF、3QF）为"1"，经 10s 延时报相应的 TWJ 异常，并闭锁备自投。

（2）Ⅰ母、Ⅱ母的 TV 断线，1 号进线、2 号进线 TV 断线。

（3）当系统频率低于 49.5Hz，经 10s 延时报频率异常。

4.1.2 开展备用电源自投装置校验工作的基本要求

4.1.2.1 工作前准备

（1）检修作业前 3 天做好检修准备工作，并在检修作业前 2 天提交相关停役申请。准备工作包括检查设备状况、反措计划的执行情况及设备的缺陷等。

（2）根据本次校验的项目，组织作业人员学习作业指导书，使全体作业人员熟悉作业内容、进度要求、作业标准、安全注意事项。要求所有工作人员都明确本次校验工作的内容、进度要求、作业标准及安全注意事项。

（3）明确工作人员分工，针对技术负责、仪器仪表管理、图纸资料管理、专责安全监护人员等进行指定和明确。

（4）梳理待检修设备存在的缺陷以及以往缺陷统计，配合检修进行消缺。

（5）开工前1天，准备好作业所需仪器仪表、相关材料、工器具。要求仪器仪表、工器具应试验合格，满足本次作业的要求，材料应齐全。

仪器仪表主要有：绝缘电阻表、继电保护三相校验装置，钳形相位表、Ｖ－Ａ特性测试仪、电流互感器变比测试仪等。

工器具主要有：个人工具箱、计算器、电烙铁等。

相关材料主要有：绝缘胶布、自黏胶带、电缆、导线、小毛巾、焊锡丝、松香、中性笔、口罩、手套、毛刷、逆变电源插件等相关备件，根据实际需要确定。

（6）最新整定单、相关图纸、上一次试验报告、本次需要改进的项目及相关技术资料。要求图纸及资料应与现场实际情况一致。

主要的技术资料有：电压并列装置图纸、电压并列装置技术说明书、电压并列装置使用说明书、电压并列装置校验规程。

（7）根据现场工作时间和工作内容填写工作票（第一种工作票应在开工前一天交值班员），工作票应填写正确，并按《国家电网公司电力安全工作规程（变电部分）》执行。

4.1.2.2 工作前的安全注意事项

1. 防止人身触电

（1）误入带电间隔。控制措施：工作前应熟悉工作地点、带电部位。检查现场安全围栏、安全警示牌和接地线等安全措施。

（2）接、拆低压电源。控制措施：必须使用装有漏电保护器的电源盘。螺丝刀等工具金属裸露部分除刀口外包绝缘。接拆电源时至少有两人执行，必须在电源开关拉开的情况下进行。临时电源必须使用专用电源，禁止从运行设备上取得电源。

（3）保护调试及整组试验。控制措施：工作人员之间应互相配合，确保一次、二次回路上无人工作。传动试验必须得到值班员许可并配合。

2. 防止机械伤害

主要指坠落物打击。控制措施：工作人员进入工作现场必须戴安全帽。

3. 防止高空坠落

主要指在断路器或电流互感器上工作时坠落。控制措施：正确使用安全带，鞋子应防滑。必须系安全带，上下断路器或电流互感器本体由专人监护。

4. 防"三误"事故的安全技术措施

（1）现场工作前必须做好充分准备，内容包括：

1）了解工作地点一次、二次设备运行情况，确认本工作与运行设备有无直接联系。

2）工作人员明确分工并熟悉图纸与检验规程等有关资料。

3）应具备与实际状况一致的图纸、上次检验记录、最新整定单、检验规程、合格的仪器仪表、备品备件、工具和连接试验线。

4）工作前认真填写安全措施票，并经技术负责人认真审批。

5）工作开工后先执行安全措施票，由工作负责人负责做的每一项措施要在"执行"栏作标记，校验工作结束后，要持此票恢复所做的安全措施，以保证完全恢复。

6）不允许在未停用的保护装置上进行试验和其他测试工作，也不允许在保护未停用的情况下用装置的试验按钮做试验。

7）只能用整组试验的方法，即由电流及电压端子通入与故障情况相符的模拟故障量，检查保护回路及整定值的正确性。不允许用卡继电器触点、短路触点等人为手段做保护装置的整组试验。

8）在校验继电保护及二次回路时，凡与其他运行设备二次回路相连的压板和接线应有明显标记，并按安全措施票仔细地将有关回路断开或短路，做好记录。

9）在清扫运行中设备和二次回路时，应认真仔细，并使用绝缘工具（毛刷、吹风机等），特别注意防止振动，防止误碰。

10）严格执行风险分析卡和继电保护作业指导书。

（2）现场工作应按图纸进行，严禁凭记忆作为工作的依据。如发现图纸与实际接线不符时，应查线核对。需要改动时，必须履行如下程序：

1）先在原图上做好修改，经主管继电保护部门批准。

2）拆动接线前先要与原图核对，接线修改后要与新图核对，并及时修改底图，修改运行人员及有关各级继电保护人员的图纸。

3）改动回路后，严防寄生回路存在，没用的线应拆除。

4）在变动二次回路后，应进行相应的逻辑回路整组试验，确认回路极性及整定值完全正确。

（3）保护装置调试的定值，必须根据最新整定单规定，先核对通知单与实际设备是否相符，包括保护装置型号、被保护设备名称、互感器接线、变比等。定值整定完毕要认真核对，确保正确。

5. 其他危险点及控制措施

保护室内使用无线通信设备易造成其他正在运行的保护设备不正确动作。控制措施：不在保护室内使用无线通信设备，尤其是对讲机。

为防止一次设备试验影响二次设备，试验前应断开保护屏电流端子连接片，并对外侧端子进行绝缘处理。

电压小母线带电易发生电压反送事故或引起人员触电。控制措施：断开交流二次电压引入回路，并用绝缘胶布对所拆线头实施绝缘包扎，带电的回路应尽量留在端子上防止误碰。

带电插拔插件，易造成集成块损坏。频繁插拔插件，易造成插件插头松动。控制措施：插件插拔前关闭电源。

需要对一次设备进行试验时，如开关传动、TA极性试验等，应提前与一次设备检修人员进行沟通，避免发生人身伤害和设备损坏事故。

部分带电回路可能引起工作中的短路或接地，或导致运行设备受到影响，这些回路应该在试验前断开或进行可靠隔离。

4.2　备自投装置的现场校验方法

备自投装置的现场校验方法见表 4-1。

表 4-1　　　　　　　　　　　　　　　备自投装置的现场校验方法

工序	操作工序	标准要求	安全注意事项
准备阶段	（1）了解工作地点一次、二次设备运行情况，确认本工作与运行设备有无直接联系，与其他班组有无需要相互配合的工作。 （2）工作人员明确分工并熟悉图纸与检验规程等有关资料。 （3）准备工器具、试验设备、本装置备品备件、相应的图纸、资料、整定单、作业指导书及往年的试验报告		要了解变电所的正常运行方式和特殊运行方式，以及运行方式变化时对保护的影响
开工阶段	（1）查看图纸及现场实际后开工作票。 （2）许可工作时，进行安全措施检查。 （3）许可工作票后，向工作人员交底	（1）工作负责人应查对运行人员所做的安全措施必须符合要求，在工作屏的正、背面由运行人员设置"在此工作"标示牌。 （2）工作负责人应对工作班成员详细交代工作任务、安全注意事项、一次设备运行环境等	（1）如进行工作的屏仍有运行设备，则必须有明确标志，以与检修设备分开。 （2）在工作前应看清设备名称与位置，严防走错位置
做安全措施	（1）先短接交流电流端子和外侧端子、再断开交流电流端子和连接片并短接 I'_a（n120）— I'_b（n122）— I'_c（n124）和 I'_A（n108）— I'_C（n112）— I'_{os}（n116）内侧端子。 （2）拆开交流电压端子内侧并做好可靠隔离措施。 （3）拆开分段开关跳闸负电源和1号、2号进线开关的跳闸内侧端子并用绝缘胶布包好。 （4）取下所有保护跳闸出口压板和重合闸出口压板	（1）拆前应先核对图纸，凡与运行设备二次回路相连的连接片和接线应有明显标记，如没有则应标上。 （2）按工作票仔细地将有关回路断开或短接，并做好记录	（1）严禁将运行中的电压二次回路短路或接地，防止TV二次回路失压造成自动装置误动作。 （2）必须可靠断开至TV二次侧的回路，防止对二次电压回路通电时引起反充电
外观及接线检查	（1）检查保护装置各插件元器件外观和跳线。 （2）检查保护装置的背板接线应无断线、短路、焊接不良等现象，并检查背板上抗干扰元件的焊接、连线和元器件外观必须良好。 （3）核查逆变电源的额定电压必须正确。 （4）检查端子排螺丝必须紧固。 （5）灰尘清扫	（1）各插件元器件外观质量、焊接质量应良好，所有芯片应插紧、型号正确，芯片放置位置正确，跳线正确。 （2）保护装置各部件固定良好、无松动现象，装置外型端正，无明显损坏变形现象。 （3）各插件插拔灵活，与插座之间定位良好，插入深度合适。 （4）保护装置的端子排连接应可靠，其标号应清晰正确。 （5）切换开关、按钮、键盘等应操作灵活，手感良好。 （6）各部件应清洁良好	（1）试验人员接触、更换集成芯片时，应采用人体防静电接地的措施，以确保不会因人体静电而损坏芯片。 （2）检查过程中应注意不要将插件插错位置

工序	操 作 工 序	标准要求	安全注意事项
绝缘电阻测试	（1）将保护装置的 CPU 插件拔出机箱，拆除 MMI 面板与保护插件的连线，其余插件全部插入。 （2）将打印机与保护装置断开。 （3）合上保护逆变电源开关。 （4）保护屏上各压板置"投入"位置。 （5）在保护屏端子排内侧分别为短路交流电流、交流电压回路端子，直流电源回路端子、跳闸回路端子、开关量输入回路端子、远动接口回路端子及信号回路端子。 （6）保护屏内绝缘电阻测试。在进行本项检验时，需在保护屏端子排上将所有外引线全部断开，仅对保护屏内进行绝缘电阻测试。 （7）整个二次回路的绝缘电阻测量。在保护屏端子排处将所有电流、电压及直流回路的端子连接在一起，并将电流回路接地点都拆开，用摇表测量整个二次回路的绝缘电阻	（1）交流回路绝缘采用 1000V 摇表测量（也可用 500V 摇表代替），直流回路绝缘用 500V 摇表测量。 （2）保护屏内绝缘电阻要求大于 10MΩ。 （3）整个二次回路的绝缘电阻要求大于 1.0MΩ	（1）测量绝缘电阻时，应拔出装有集成电路芯片的插件（光耦及电源插件除外）。 （2）在测量某一组回路绝缘电阻时，应同时将其他回路都接地
逆变电源检查	（1）断开保护装置跳闸出口连片。 （2）外加 80％ 额定电压，合上保护电源空气开关，检查保护装置运行情况	外加 80％ 额定电压时，保护装置逆变电源指示灯、MMI 面板运行灯应亮，MMI 面板液晶显示正常	外加 80％ U_e 时，正、负不可加反，并注意额定电压，以防烧坏电源板
通电初步检查	（1）保护装置的通电自检。保护装置通电后，检查自检情况。 （2）检验键盘。在保护装置正常运行状态下，按"↑"键，进入菜单，选中"1. 整定菜单"子菜单，按"确认"键后，分别操作"→""←""↑""↓""确认"键，以检验这些按键的功能正确。 （3）打印机与保护装置的联机试验。进行本项试验之前，打印机应进行通电自检，打印机应能打印出自检规定的字符，表明打印机本身工作正常。保护装置在运行状态下，按"↑"键，进入主菜单，选中"2. 报告打印"子菜单后，进行定值或任一项报告打印操作，打印机便打印出保护装置的定值报告或跳闸报告、自检报告等，表明打印机与保护装置的联机成功。 （4）软件版本和程序校验码的核对。保护装置在"运行"状态下，按"↑"键，进入主菜单后，移动光标至"7. 校验码显示"确认后，显示保护的程序校验码和程序形成时间，应核对程序校验码均正确。 （5）时钟的整定。保护装置在"运行"状态下，按"↑"键，进入主菜单后，移动光标至"4. 时间设置"，按"确认"键进入时钟的修改和整定状态，进行年、月、日、时、分、秒的时间整定。 （6）时钟的失电保护功能。时钟整定好以后，通过断、合保护电源空气开关的方法，检验在直流失电一段时间的情况下，走时是否仍准确。 （7）拉、合保护电源，检查寄生回路	（1）通电自检通过后，MMI 面板的运行灯（OP）亮，液晶显示屏出现全亮状态，表示液晶显示屏完好。 （2）断、合上保护电源空气开关至少有 5s 的时间间隔，拉合保护电源次数应至少 3 次	通电前应做好绝缘测试，确保装置正、负电源间无短路

工序	操　作　工　序	标准要求	安全注意事项
定值整定	（1）定值修改的功能校验。按"↑"键，进入主菜单后，移动光标至"1. 装置整定"，按"确认"键后进入定值整定状态。然后，在 CPU 定值中修改部分整定值后确认。按"复位"键将保护装置复位。打印一份定值报告，以校验整定值应发生改变（随后将定值改回），（注：密码为 001）。 （2）定值区切换的功能校验。定值区分别置 00～13 区，应均能进行相应的定值整定和修改，并显示和打印相应的定值区号。 （3）定值区切换的运行监视功能校验。保护装置运行状态下，将定值区进行切换操作，保护装置应发出告警信号，并有定值页号改变的报告。 （4）定值的整定。本项目是将定值整定通知单上的整定定值输入保护装置，然后通过打印定值报告进行核对。 （5）保护定值的整定。按"↑"键，进入主菜单后，移动光标至"1. 装置整定"功能后，按"确认"键后将光标至"1. 保护定值"，按"确认"键后根据定值整定通知单上的要求进行保护定值的具体整定。 （6）装置参数整定。保护定值整定完后进入装置参数整定，移动光标至"2. 装置参数"功能后。根据要求，进行装置参数整定。装置参数整定完后，按"确认"键后返回定值整定菜单。上述定值整定完成后返回主菜单，按"复位"键使保护恢复运行。如果有几套定值需要整定，则定值区每一个区号对应一套整定值，按上述定值整定步骤分别整定各套定值。 （7）整定值的失电保护功能检查。整定值的失电保护功能可通过断、合保护电源空气开关的方法检验，保护装置的整定值在直流电源失电后不会丢失或改变	装置参数整定各项参数以实际通信规约要求为准	
继电器校验和参数检查	（1）操作板继电器校验。关掉保护装置逆变电源，拔除操作板插件，依照分板图进行校验继电器动作、返回值和接点。 （2）跳、合闸参数检查。检查操作板上的 HBJ、TBJ 的额定动作电流与跳、合闸线圈阻值必须相配	（1）继电器动作值满足：$50\%U_e(I_e) \leqslant U_{dz}$ $(I_{dz}) \leqslant 70\%U_e(I_e)$。 （2）流过跳、合闸回路的实际电流应为 HBJ、TBJ 额定电流值的 1.5～2 倍	继电器校验时注意电源正、负不可反加或短路，不得造成继电器或其线圈上的二极管烧坏

工序	操　作　工　序	标准要求	安全注意事项
开关量输入回路检验	CPU 插件开关量输入回路检验。进入保护装置主菜单后，移动光标至"3. 状态显示"功能，进入"状态显示"子菜单，选择"3. 开关量显示"，依次进行开关量的输入和断开，同时监视液晶屏幕上显示的开关量变位情况。各开关量状态符号对应关系见下表。 名称表： | 名称	装置上端子号	开关量状态
---	---	---
TWJ	n407	TWJ：X
HWJ	n405	HWJ：X
合后	n410、n408	合后：X
开入 1	n305	开入 1：X
开入 2	n306	开入 2：X
开入 3	n307	开入 3：X
开入 4	n308	开入 4：X
开入 5	n309	开入 5：X
进线 1TWJ	n310	进线 1TWJ：X
进线 2TWJ	n311	进线 2TWJ：X
闭锁备自投	n312	闭锁备自投：X
KKJ 闭锁备投	n313	KKJ 闭锁备投：X
弹簧未储能	n314	发"弹簧未储能"报文
闭锁重合闸	n315	闭锁重合闸：X
装置检修	n316	装置检修：X
遥控投入	n403	遥控投入：X
断路器位置	n407、n405	断路器位置：X | 注　X＝1 表示投入或收到动作信号，X＝0 表示未投入或未收到动作信号	（1）开关量变化应以实际模拟检查为准，开入 1～5 可以用正电 n319 逐个短接。 （2）用本装置的操作箱时，"HWJ""TWJ""遥控投入""断路器位置"内部已接好，可用实际开关状态模拟。 （3）投保护的开关量应通过投入、退出保护屏上的相应压板进行检查	试验时应看清楚端子排号及压板，严禁造成直流电源短路等异常情况发生
功耗测量	（1）交流电压回路的功耗测量。在保护屏的端子排上分别加额定电压值，然后分别测量每相交流电压回路的电流值，得出每相交流电压回路的功耗。 （2）交流电流回路的功耗测量。在保护屏的端子排上分别通测量电流为额定电流值，然后分别测量每相交流电流回路的电压值，得出每相交流电流回路的功耗。 （3）直流回路的功耗测量。在保护的直流电源输入串一只直流电流表，在保护正常工作状态下和最大负载状态下分别测量直流电压和直流电流得出直流回路的功耗	（1）要求每相交流电压回路的功耗基本上小于 0.5VA。 （2）要求每相交流电流回路的功耗基本上小于 1.0VA（$I_n = 5A$ 时）或 0.5VA（$I_n = 1A$ 时）。 （3）要求直流回路的功耗测量正常工作状态下小于 15W，最大负载（保护动作跳闸）状态下小于 25W	

工序	操 作 工 序	标准要求	安全注意事项
模数变换系统检验	（1）检验零漂。本装置不加交流量时，保护装置进入主菜单"3.状态显示"后，再选择"1.采样值显示"进入，进行保护三相电流（I_a、I_b、I_c）、零序电流（I_{os}）、三相电压（U_{ab1}、U_{bc1}、U_{ca1}、U_{ab2}、U_{bc2}、U_{ca2}）、保护计算出的零序电压（U_{0sum}）的零漂检验。结束后，按"取消"键再选择进入"4.遥测量显示"进行仪表两相电流（I_a、I_c）、三相电压（U_{a1}、U_{b1}、U_{c1}、U_{a2}、U_{b2}、U_{c2}）、零序电压（U_0）、有功（P）、无功（Q）和功率因素（$\cos\phi$）的零漂检验。 （2）模拟量输入的幅值特性校验。在保护屏的端子排上短接端子分别接试验设备的 I_a、I_b、I_c、I_n 或 I_A、I_{os}、I_C、I_n 或 I_1、I_2；在端子上分别接试验设备的 U_{a1}、U_{b1}、U_{c1}、U_{a2}、U_{b2}、U_{c2}，用同时加三相电流（额定值）和三相电压（额定值）的方法检验三相电流和三相电压的采样数据，采用模拟单相故障的方法校验 I_{os}（零序跳闸 TA 自产控制字为 1 时零序电流采用自产）、U_{0sm}（保护）、U_0（仪表），这时保护装置进入主菜单"3.状态显示"菜单后，再进入"1.采样值显示"（4.遥测值显示）子菜单，以便分别校验保护的三相电流和三相线电压值、零序电压（即 I_a、I_b、I_c、I_1、I_2、U_{ab1}、U_{bc1}、U_{ca1}、U_{ab2}、U_{bc2}、U_{ca2}、U_{0sm1}、U_{0sm2}）及仪表的两相电流、零序电流值（零序跳闸 TA 自产控制字为 0 时采用外加）和三相电压、零序电压（即 I_a、I_c、I_{os}、U_{a1}、U_{b1}、U_{c1}、U_{a2}、U_{b2}、U_{c2}、U_{01}、U_{02}）。 （3）模拟量输入的相位特性校验。加入交流电流交流电压均为额定值，角度为 $45°$。保护装置进入主菜单中"3.状态显示"菜单后，再选择"2.相角显示"子菜单进入，以校验电流和电压的相位	（1）要求零漂值小于 0.05A。 （2）要求保护装置的采样显示值与外部表计的误差应小于 2%（保护）、0.5%（仪表）。 （3）电压和电流相位的采样显示值与外部表计的误差应小于 3°。	（1）在试验过程中，保护装置可能会退出运行，"OP"灯可能会熄灭，但不影响采样数据的检验。 （2）在试验过程中，如果交流量的测量误差超过要求范围时，应首先检查试验接线，试验方法和外部测量表计必须正确完好，试验电源应无波形畸变，不可急于进行"精度自动调整"或"精度手动调整"操作（在"1.装置整定"的子菜单中）。 （3）在输入电压时，应注意防止电压短路等异常现象发生
保护定值校验	（1）定时限过流保护校验。投定时限过流保护和相关的电压闭锁控制字。校验定时限过流Ⅰ段、Ⅱ段、加速段保护电流、时间定值。分别模拟 A 相、BC 相、ABC 相瞬时故障，故障电压 U 为 $0.9U_{zd}$，故障相角为正方向，模拟故障时间为 $1.1T_{nzd}$，故障电流 $I=mI_{nzd}$（$m=0.95$、1.05、1.2，$n=1$、2、js）。 （2）校验定时限过流Ⅰ段、Ⅱ段、加速段保护电压定值（Ⅰ段、Ⅱ段母线电压哪段有效要看相关的电压闭锁控制字）。分别模拟 B 相、CA 相、ABC 相瞬时故障，故障电压 U 分别为 $0.95U_{zd}$、$1.05U_{zd}$，故障相角为正方向，模拟故障时间为 $1.1T_{nzd}$，故障电流 $I=1.2I_{nzd}$（$n=1$、2、js）。 （3）校验定时限过流Ⅰ段、Ⅱ段、加速段保护方向定值。分别模拟 C 相、AB 相、ABC 相瞬时故障，故障电压 U 为 $0.9U_{zd}$，故障相角分别为正方向、反方向，模拟故障时间为 $1.1T_{nzd}$，故障电流为 $I=1.2I_{nzd}$（$n=1$、2、js）。	（1）定时限Ⅰ段、Ⅱ段和加速段保护在 0.95 倍电流定值（$m=0.95$）、1.05 倍电压定值或反方向时，应可靠不动作；在 $1.05I_{nzd}$、$0.95U_{zd}$ 且正方向时应可靠动作；在 $1.2I_{nzd}$ 时，测试保护的动作时间。 （2）零序电流段、加速段保护在 0.95 倍定值（$m=0.95$）时，应可靠不动作；在 1.05 倍定值时应可靠动作；在 1.2 倍定值时，测试保护的动作时间。	

工序	操 作 工 序	标准要求	安全注意事项
保护定值校验	（4）零序过流保护校验。仅投零序过流保护控制字。（当参数整定中"零序跳闸 TA 自产"控制字为"0"即外加时，零序电流从端子排加入；"零序跳闸 TA 自产"控制字为"1"即自产时零序电流从端子排加入 A、B、C 相电流模拟 A、B、C 相单相故障。） （5）校验零序过流段、加速段保护电流、时间定值。分别模拟 A 相、B 相、C 相瞬时故障，模拟故障时间为 $1.1T_{nzd}$，故障电流为 $I_{os}=mI_{onzd}$（$m=0.95$、1.05、1.2，$n=1$、js）。 （6）方式 1、2 分段开关自投校验。 1）充电条件检查（条件均满足）：①Ⅰ母、Ⅱ母均三相有压；②1QF、2QF 在合位，3QF 在分位；③经 15s 后充电完成。 2）放电条件检查（任一条件满足）：①3QF 在合位；②Ⅰ母、Ⅱ母均无压；③有外部闭锁信号；④手跳 1QF 或 2QF（KKJ 闭锁备投开入为 0）；⑤控制回路断线，弹簧未储能，QF1、QF2、QF3 的 TWJ 异常。 3）方式 1 自投动作逻辑检查。充电完成后，Ⅰ母无压，1 号进线无流，Ⅱ母有压则经延时后跳开 1QF，确认 1QF 跳开后合上 3QF。 4）方式 2 自投动作逻辑检查。充电完成后，Ⅱ母无压，2 号进线无流，Ⅰ母有压则经延时后跳开 2QF，确认 2QF 跳开后合上 3QF。 5）方式 1、2 自投动作时间校验。充电完成后，使用时间测试菜单，三相失压启动计时，方式 1 跳Ⅰ进线端子或方式 2 跳Ⅱ进线端子空接点停表。 （7）方式 3、4 分段开关自投校验。 1）充电条件检查：1QF、2QF 在合位，3QF 在分位；经 15s 后充电完成。 2）放电条件检查（任一条件满足）：①3QF 在合位；②有外部闭锁信号；③手跳 1QF 或 2QF（KKJ 闭锁备投开入为 0）；④控制回路断线，弹簧未储能，QF1、QF2、QF3 的 TWJ 异常。 3）方式 3 自投动作逻辑检查。充电完成后，1QF 跳开，1 号进线无流，经延时，再确认 1QF 跳开后，合上 3QF。 4）方式 4 自投动作逻辑检查。充电完成后，2QF 跳开，2 号进线无流，经延时，再确认 2QF 跳开后，合上 3QF。 5）方式 3、4 自投动作时间校验。充电完成后，使用 ONLY、P40 时间测试菜单，1QF（2QF）跳位联动接通启表，n301、n302（方式 3 跳Ⅰ进线）或 n303、n304（方式 4 跳Ⅱ进线）空接点停表	（3）充电条件要全部满足才能经延时完成充电。 （4）放电条件中任一满足均会放电。 （5）动作逻辑检查中无压、无流为 0.95 倍整定值，有压为 1.05 倍整定值，开关位置均满足时备自投应可靠动作；无压、无流为 1.05 倍整定值或有压为 0.95 倍整定值或开关位置不满足时备自投应可靠不动作。 （6）充电完成后，无压、无流为 0.7 倍整定值，有压为 1.2 倍整定值时，进行备自投动作时间测试。 （7）备自投逻辑检查和动作时间测试时要注意无压、无流、有压、开关位置等条件必须满足	

工序	操 作 工 序	标准要求	安全注意事项
输出接点和信号检查	(1) 投入定时限过流保护控制字，跳闸出口和合闸出口压板不投。加上三相对称电压，开关在合后位置，等充电标志为黑实心。 (2) 模拟瞬时故障时定时限过流Ⅱ段保护动作，检查液晶显示、信号灯和各触点。 (3) 模拟 TV 断线，检查液晶显示、信号灯和各触点。 (4) 模拟控制回路断线，检查液晶显示、信号灯和各触点。 (5) 关装置直流电源，检查液晶显示、信号灯和各触点。 (6) 进行手动拉合开关和开关偷跳试验，检查液晶显示、信号灯和各触点。 (7) 模拟分段开关自投试验，检查液晶显示、信号灯和各触点	(1) 模拟故障时定时限过流Ⅱ段动作，液晶显示相应跳闸报告，跳闸灯、合闸灯亮，各触点应闭合。 (2) 模拟 TV 断线时，液晶显示相应 DX 报告、充电标志变为复位，报警灯应亮，触点应闭合。 (3) 模拟控制回路断线时，液晶显示相应"控制回路断线"报告、充电标志变为复位，报警灯应亮，各触点应闭合。 (4) 关装置直流电源后，液晶无显示，OP 灯应灭，触点应闭合。 (5) 手动合断路器时，液晶显示正常，合位灯亮，相应的触点应闭合；手动分断路器时，液晶显示正常，跳位灯亮，相应的触点应闭合，n301、n302 应断开；断路器偷跳试验时，液晶显示正常，跳位灯亮，相应的触点应闭合。 (6) 分段断路器自投试验时，液晶显示正常，跳闸灯、合闸灯亮，相应触点应闭合	触点检查时应注意外围回路电位提供情况和检查方法

工序	操作工序	标准要求	安全注意事项
带开关整组传动试验	(1) 断路器传动试验。将跳闸负电源接上，直流电源降至额定电压的80%，开关合上，"CD"充电灯亮，分别模拟定时限过流Ⅰ段瞬时故障、定时限过流加速段永久性故障、零序过流段瞬时故障、零序过流加速段永久性故障、手合故障线路、偷跳开关和备自投方式1、2（或方式3、4）保护试验。上述试验应同时核查保护显示、报告情况和远动信号。 (2) 报警、闭锁回路试验。模拟实际情况：①低气压报警；②低气压闭锁；③闭锁重合闸；④信号试验。 (3) 远方遥合、遥分开关试验	(1) 模拟定时限过流Ⅰ段瞬时故障和零序过流段瞬时故障，开关应跳闸并重合成功。 (2) 模拟定时限过流加速段永久性故障和零序过流加速段永久性故障，开关跳闸重合后再加速跳闸。 (3) 模拟手合故障线路定时限过流、零序过流加速段开关跳闸。 (4) 模拟偷跳开关时开关应重合。 (5) 模拟方式1、2（或方式3、4）自投应先跳进线开关，确认开关跳开后再合分段开关。 (6) 保护动作情况、开关跳合闸及信号均应正确	(1) 做带开关传动试验前应通知一次人员和值班员。 (2) 外加80%额定电压时，正、负端子不可加反，以防烧坏电源板。 (3) 加强与监控人员联系，严禁遥控误拉、合开关。 (4) 备自投传动前应先再检查安全措施必须正确
定值和各项报告打印	保护装置在运行状态下，按"↑"键，进入主菜单，选择"2.报告打印"菜单后，进行各项报告打印（分别选择"1.定值打印""2.跳闸报告""3.自检报告""4.通信报告""5.装置状态报告""6.故障波形报告"等各项子菜单）。保护装置打印出一份定值、自检报告和装置状态报告进行核对，另外打印出跳闸报告、遥信报告和故障波形报告作为试验报告资料	定值报告应与整定通知单一致；装置状态与实际运行状态一致；自检报告应无装置异常信息	
恢复安全措施	(1) 恢复电流端子 I_1(n113)、I_1'(n114)、I_{os}(n115)、I_2(n117)、I_2'(n118)、I_A(n107)、I_a(n119)、I_b(n121)、I_c(n123)、I_C(n111) 连接片，并拆除 I_a'(n120)—I_b'(n122)—I_c'(n124)、I_A(n108)—I_C(n112) —I_{os}'(n116) 和 I_1(n113)—I_1'(n114)、I_2(n117)—I_2'(n118)的短接线（片）。 (2) 恢复电压端子 U_{a1}(n101)、U_{b1}(n102)、U_{c1}(n103)、U_{a2}(n104)、U_{b2}(n105)、U_{c2}(n106)。 (3) 恢复分段开关跳闸负电源和1号、2号进线开关的跳闸内侧投子。 (4) 检查安全措施应无遗漏，包括临时接线应该全部拆除，拆下的线头应该全部接好，压板已恢复原状，图纸必须与实际接线相符等		(1) 严禁将电压二次回路短路或接地，防止TV二次回路失压造成自动装置误动作。 (2) 恢复跳闸投子时仔细，严防误接投子或造成误跳运行开关

工序	操 作 工 序	标准要求	安全注意事项
工作终结	（1）检查试验记录有无漏试项目，试验结论、数据必须完整正确。 （2）整理设备、清扫现场。 （3）陪同值班员核对保护定值。 （4）陪同值班员检查安全措施恢复情况。 （5）对值班员进行现场交底。 （6）记录检修记录。 （7）终结工作票	检修记录包括整定值变更情况，二次接线更改情况，已经解决及未解决的问题及缺陷，运行注意事项和设备能否投运等	
系统试验	（1）交流电压的相名核对。用数字交流电压挡测量保护屏端子排上的交流电压，并分别测量本保护屏上的三相电压与已确认正确的三相电压间的数值，进行交流电压的相名核对。 （2）保护交流电压和电流的数值校验。保护装置在运行状态下，按"↑"键，进入主菜单，选择"3. 状态显示"菜单后，进行交流量数值校验。（选择"1. 采样量显示"子菜单）以实际负荷为基准，校验电流和电压互感器变比必须正确。 （3）保护交流电压和电流的相位校验。保护装置在主菜单中选择"3. 状态显示"菜单，进行相位校验。（选择"2. 相角显示"子菜单）在进行相位校验时，应分别检验三相电压、三相电流之间的相位关系，并根据实际负荷情况，核对交流电流和电压的相位关系。 （4）充电情况检查。检查各在当前一次设备状态下的所对应的备自投方式充电情况	（1）要求负荷电流大于额定电流的10%才能做带负荷试验。 （2）根据实际情况要求停用相关保护	（1）严禁将运行的电压二次回路短路或接地，防止 TV 二次回路失压造成自动装置误动作。 （2）严禁将运行的电流二次回路开路。 （3）工作中要加强监护，不得造成运行设备的误跳闸
完成试验报告	完成试验报告、设备台账及危险点分析		

备用电源自投装置的校验周期见表 4-2。

表 4-2　　　　　　　　　备用电源自投装置的校验周期

检 验 项 目	新安装检验	投产后一年检验	例行性检验	诊断性检验
1. 外观及接线检查	√	√	√	√
2. 绝缘电阻检测	√	√	√	√
3. 直流电源检查				
3.1 自启动性能	√	√		√
3.2 输出电压检测	√	√		√
3.3 直流拉合试验	√	√		√
4. 通电初步检验				
4.1 保护装置的通电自检	√	√		
4.2 调试工具、保护管理机与保护装置的联机试验	√	√		
4.3 软件版本的核查	√	√		
4.4 时钟的整定与校核	√	√		

检 验 项 目	新安装检验	投产后一年检验	例行性检验	诊断性检验
4.5 装置整定与检查	√	√		
4.6 装置失电定值不丢失功能检查	√	√		
5. 开关量输入、输出检验				
5.1 开入量检查	√	√	√	√
5.2 开出量检查	√	√		√
6. 模数变换系统检验				
6.1 零漂的检查	√	√	√	√
6.2 幅值及线性度特性校验	√	√	√	√
6.3 相位特性检验	√	√	√	√
7. 保护功能检验				
7.1 自投方式 1 检验	√	√		√
7.2 自投方式 2 检验	√	√		√
7.3 自投方式 3 检验	√	√		√
7.4 自投方式 4 校验	√	√		√
7.5 充放电条件检验	√	√		√
7.6 运行异常报警检验	√	√		√
7.7 装置闭锁检查	√	√		√
8. 二次回路检验				
8.1 二次回路检查	√	√		√
8.2 二次回路绝缘检查	√	√		√
8.3 TA 通流、TV 通压检验	√			√
9. 整组试验				
9.1 装置整组试验	√	√		
9.2 与中央信号、远动装置及故障录波器的联动试验	√	√	√	
9.3 开关量输入的整组试验	√	√	√	√
10. 传动断路器试验	√	√	√	
11. 定值和开关量最终检查	√	√	√	√
12. 备自投系统试验				
12.1 交流电压的相名核对	√	√	√	√
12.2 交流电压和电流的数值检验	√	√	√	√
12.3 检验交流电压和电流的相位	√	√	√	√
12.4 检验装置充电情况	√	√	√	√
12.5 检验装置实际动作情况				

注 1. 新安装保护装置投产后 1 年进行校验。

2. 根据状态评价结果，投产后 4～5 年左右进行一次例行性检验。

3. 表中有"√"符号的项目表示要求进行检验。

4. 诊断性校验根据保护异常程度调整或增加检验项目。

4.3 技 能 知 识

1. 备用电源自投装置校验开工程序

(1) 检查保护装置的硬件配置、型号、标注及接线等应符合图纸要求。

(2) 新安装设备应检查屏用交、直流额定值与主 TA、TV（CVT）及直流电源参数是否一致，装置型号规格与订货合同是否相符。

(3) 检查装置中的 TA 短路端子短路情况良好。

(4) 检查保护装置的元器件外观质量良好，所有插件应接触可靠。

(5) 检查装置屏柜接地线的连接方式是否正确可靠（保护屏接地应良好，电流互感器、电压互感器二次回路接地点应严格按照设计图纸并可靠接地，每组二次绕组只允许有一个接地点）。

(6) 检查保护装置的接线是否有断线、短路、焊接不良等现象。

(7) 检查装置外部电缆接线是否与设计相符，并满足误差要求，是否满足运行要求。

(8) 检查、清扫保护屏及接线，坚固螺丝。

2. 备用电源自投装置工作危险点分析

(1) 上电前，检查所有的装置插件是否插牢，有松动的要用力插牢，尤其对交流插件，检查是否在运输过程中有所松动。应测量交流电流回路的回路电阻，尽量拧紧交流插件上及屏体上电流端子的固定螺丝，减少接触电阻对装置正常运行的影响。

(2) 上电后先复归装置信号，并检查是否有异常的告警情况。

(3) 断开直流电源后才允许插拔插件，插拔交流插件时应防止交流电流回路开路。

(4) 每块插件应保持清洁，注意防尘。

(5) 试验人员更换插件或元器件时，应采用人体防静电接地措施，以确保不会因人体静电而损坏芯片。

(6) 原则上在现场不能使用电烙铁，试验过程中如需使用电烙铁进行焊接时，应采用带接地线的电烙铁或电烙铁断电后再焊接。

(7) 试验过程中，应注意不要将插件插错位置。

(8) 因检验需要临时短接或断开的端子，应逐个记录，并在试验结束后及时恢复。

(9) 使用交流电源的测试仪器进行有关试验时，仪器外壳应与保护屏（柜）在同一点接地。

(10) 使用专用笔记本电脑或保护管理机调试时，试验前应注意做好定值文件的备份，试验结束后应做好定值核对工作。

(11) 当试验过程中加入电流幅值大于 3 倍额定电流时，应注意通电时间不能过长。

(12) 在进行某项保护功能的检验时，应将其他保护功能退出。如涉及保护定值调整，要在检验结束后要及时恢复。

3. 备用电源自投装置工作校验操作步骤

(1) 外观及接线检查。

(2) 绝缘电阻检测。

（3）直流电源检查。

（4）通电初步检验。

（5）开关量输入、输出检验。

（6）模数变换系统检验。

（7）保护功能检验。

（8）二次回路检验。

（9）整组试验。

（10）传动断路器试验。

（11）定值和开关量最终检查。

（12）备自投系统试验。

4. 校验结果的处理与判定

检查各个检查项目是否符合标准要求。

5. 备用电源自投装置校验竣工程序

（1）检查试验记录有无漏试项目，试验结论、数据必须完整正确。

（2）整理设备、清扫现场。

（3）陪同值班员核对保护定值。

（4）陪同值班员检查安全措施恢复情况。

（5）对值班员进行现场交底。

（6）填写检修记录。

（7）终结工作票。

4.4　典型缺陷处理分析

4.4.1　备自投装置黑屏

1. 适用范围

微机备自投装置。

2. 缺陷现象

备自投装置出现黑屏，装置信息无法查看。

3. 安全注意事项

根据故障原因分析，备自投装置出现黑屏后，装置保护功能可能退出，此时应停用备自投装置。

4. 缺陷原因诊断及分析

出现黑屏故障原因主要有：保护装置面板损坏、保护直流电源回路故障、保护装置电源插件故障等。

按以下步骤测试判断：测量装置电源输入，如不正常则可判断黑屏是由于电源回路故障引起；若装置输入直流电压正常而输出不正常，则可判断为电源板故障；若装置直流电源输入、输出均正常，则可以判断仅为面板故障引起黑屏。

5. 缺陷处理

（1）保护装置面板损坏。查找故障时先查看后台监控，确定保护装置通信是否正常。如果保护装置通信正常，说明装置出现黑屏仅仅是由于装置面板的液晶屏幕损坏所致。如果保护装置通信不正常则可能是由于装置面板内部有故障。

处理方案：断开保护装置直流电源空气开关，断开面板通信线，取出面板并进行相关检查，对故障元件进行更换或直接更换面板。更换后合上保护装置直流电源空气开关，进行相关测试确认面板恢复正常。

注意：更换面板时，需要确定面板的选型和版本是否匹配，防止因面板不匹配导致再次异常；更换面板后，为防止地址冲突，应先对新面板的通信地址、通信串口设置按原面板的参数进行设置，然后方可恢复通信线。更换面板后，可通过键盘试验、调定值、检查采样值等操作，检查新面板功能是否正常。

（2）保护直流电源回路故障。用万用表"直流电压"挡位在保护装置背面端子排电源输入处测量保护装置直流电源电压，若直流电源电压异常，则检查从保护装置背面端子排至屏顶小母线的配线是否存在断线、短路、绝缘破损、接触不良等情况，检查空气开关是否正常（不考虑全站直流电压回路异常的情况）。

处理方案：如果是二次配线断线、短路、绝缘破损、接触不良引起，则对二次配线进行紧固或更换，更换屏顶小母线的配线时要先拆电源侧、再拆负荷侧，恢复时先恢复负荷侧、后恢复电源侧。如果是直流电压空气开关故障引起，则更换直流电压空气开关，空气开关上桩头的配线带电，工作中要用绝缘胶带包扎好，防止方向套脱落。更换完毕后，对二次线再次进行检查、紧固。

（3）保护装置电源插件故障。若保护装置面板进行更换后，装置仍旧出现黑屏，则检查面板电源电压是否正常。若存在异常，则用转接板检查装置电源插件的输出电压，如果电源插件输出电压不正常，则可以判断为电源插件故障。

处理方案：更换电源插件。在用转接板检查电源插件和更换电源插件时，必须断开保护装置直流电源。

4.4.2 备自投装置电压异常（断线）

1. 适用范围

微机备自投装置。

2. 缺陷现象

备自投装置告警灯亮，装置最新报告"电压断线"。

3. 安全注意事项

根据保护原理，电压断线后，装置充电序列无法完成，需停用备自投进行处理。

4. 缺陷原因诊断及分析

电压断线故障主要原因有：交流采样插件或采样模块故障、空气开关故障、电压二次回路故障等。

按以下步骤测试判断：若输入到保护装置的电压均正常，仅保护装置内采集显示电压不正常，则可以判断为保护装置的交流输入变换插件或者采样模块故障；若存在空气开关自动跳闸，空气开关上桩头电压正常而下桩头电压不正常则可以判断为保护交流空气开关故障；若空气开关上桩头输入电压也存在异常，则需要检查二次回路，进一步排除故障点。

5. 缺陷处理

（1）交流采样插件或采样模块故障。若输入到保护装置交流采样插件的电压均正常，则可以判断为保护装置的交流采样插件或者采样模块故障。

处理方案：交流采样插件采集量包括交流电压及电流，因此，处理时保护装置失去作用，需停用备自投，并断开装置直流空气开关1ZKK，并且应在端子排上用短接线将两个电流输入回路短接，才可将交流采样插件抽出，检查电压小电压，并进行相关测试以确定故障点，对故障元件进行更换。或直接更换交流采样插件或采样模块。

（2）空气开关故障。若空气开关上桩头电压正常，则继续测量保护装置交流电压空气开关1ZKK（2ZKK）下桩头电压，若输出不正常，则可以判断为交流电压空气开关故障。若正常，则需检查端子排内侧至保护装置交流插件的各个端子上的电压，若存在异常，则应先检查空气开关下桩头至端子排的配线是否存在断线、短路、绝缘破损、接触不良等情况。

处理方案：更换交流电压空气开关。空气开关上桩头的配线带电，工作中要用绝缘胶带包扎好，防止方向套脱落。更换中不要引起屏上其余运用中的空气开关的误断，必要时用绝缘胶带进行隔离。更换完毕后，对二次线再次进行检查、紧固，并测量下桩头对地电阻。

（3）电压二次回路故障。查找故障时采用分段查找的方法来确定故障部位，判断外部输入的交流电压是否正常，用万用表测量保护装置交流电压空气开关1ZKK（2ZKK）上桩头电压。若空气开关上桩头电压不正确，则检查间隔外部电压回路，看外部电压回路是否有二次配线断线、短路、绝缘破损、接触不良等情况。

处理方案：对二次配线进行紧固或更换。更换自屏顶小母线的配线时要先拆电源侧，再拆负荷侧；恢复时先恢复负荷侧，后恢复电源侧。

4.4.3 备自投装置无法充电

1. 适用范围

微机备自投装置。

2. 缺陷现象

备自投装置无法充电，装置面板系列灯指示与实际不符合。

3. 安全注意事项

根据保护原理，备自投装置无法充电时，保护装置无法正确动作，此时应停用备自投装置。

4. 缺陷原因诊断及分析

出现无法充电故障原因主要有备自投装置外部是有否闭锁、备自投装置定值逻辑是否正确或CPU插件是否故障、备自投保护装置外部输入量是否满足、手合后继条件是否满足等。

可作以下分析判断：查看备自投装置外部是有否闭锁输入，通过测量备自投装置上各闭锁输入点是否有正电源输入来判断；确定外部无闭锁输入后，再检查备自投装置外部开入回路和各交流量输入回路；若确定备自投外部输入均正常，则判断可能为逻辑定值设置不正确或 CPU 插件故障，可以将装置改信号后检查。

5. 缺陷处理

（1）备自投装置有闭锁。首先查看备自投装置外部是有否闭锁输入，通过测量备自投装置上各闭锁输入点是否有正电源输入来判断，查看时用万用表"直流电压"挡，如果有正电源输入，则外部闭锁有输入，当确定外部无闭锁输入后，则检查保护光隔与保护插件是否有损坏而造成的装置闭锁。

处理方案：当有外部有闭锁输入时，分别检查手跳闭锁输入与保护闭锁输入回路，消除外部闭锁回路。如果外部实际无闭锁，检查光隔与保护插件，更换相应光隔与插件。

（2）备自投保护装置外部输入量不满足要求。确定外部无闭锁输入后，再检查备自投装置外部开入回路和各交流量输入回路。当外部开入开出回路和各交流量输入回路出现异常时都可能导致装置出现告警而无法复归处理。

处理方案：对相应异常回路进行处理。首先按照备自投内部整定逻辑，检查备自投装置开入开出回路，看看各开入量和开出量是否和内部整定逻辑相对应。

若开入不正确，则需要在断路器引出端子处测量辅助接点输出是否正常（带电，直流电压挡，不能测量通断），若接点输出电压正常则说明为二次电缆回路故障，确认信号正电源和断路器位置信号输入回路电压在保护装置、开关柜端子、断路器的输出端子上是否正常，以确认故障可能发生在哪部分电缆上；确认出具体故障电缆后，拆开信号电缆两侧，进行绝缘试验和两侧对线，确保回路正确。找出二次配线断线、短路、绝缘破损、接触不良的故障点，对二次配线进行紧固、更换端子排或更换二次电缆。

若断路器机构内部故障，则检查机构内部辅助接点的通断是否和一次状态相对应，有无受潮锈蚀，实际接线与设计图纸是否相符。检查备用接点通断是否正常，若备接点也不正常，则说明辅助开关切换未到位，调整辅助开关位置，接点压力，清理接点，无法修复的予以更换（辅助开关的更换和位置调整要由一次专业人员进行）；若仅一副接点接触不良，只需更换正常备用接点即可。如果电压输入不正确，则检查相应电压回路。

（3）备自投装置逻辑定值不正确或 CPU 插件故障。在确定无外部闭锁及外部输入量正确后，核对备自投装置逻辑定值整定单，看备自投装置定值逻辑是否正确。

处理方案：备自投改信号，重新输入逻辑定值或更换 CPU 插件，做相关传动试验，确保运行正常。注意定值修改需按照正式下发定值单执行。

（4）手合后继不满足条件（仅适用 RCS965A 等部分型号）。其他保护动作跳开主供断路器后，此断路器的 KKJ 返回了，导致备自投装置无法充电。对于这个问题要查"其他保护跳闸"接的是手跳还是保护跳闸回路，如果错误接至手跳，备自投跳闸时 KKJ 也会返回来，将装置放电的，导致不能合备用开关了。所以在调试时要手合开关（目的是将 KKJ 置 1），在 965B 中进线作为备用开关时，当备投动作一次，备投即进入下一次充电，此时要将开关把手复位一次（再手分一次已经跳开的开关，手合一次已合上的开关）。

第5章 低频低压解列装置校验

5.1 基 础 知 识

1. 低频低压的危害

电力系统低频运行是非常危险的，因为电源与负荷在低频率下重新平衡很不牢固，稳定性很差，甚至可能产生频率崩溃，会严重威胁电网的安全运行，并对发电设备和用户造成严重损坏，主要表现为以下几方面：

(1) 引起汽轮机叶片断裂。在运行中，汽轮机叶片由于受不均匀气流冲击而发生振动。在正常频率运行情况下，汽轮机叶片不发生共振。当低频率运行时，末级叶片可能发生共振或接近于共振，从而使叶片振动应力大大增加，如时间过长，叶片可能损伤甚至断裂。

(2) 使发电机出力降低，频率降低，转速下降，发电机两端的风扇鼓进的风量减小，冷却条件变坏。如果仍维持出力不变，则发电机的温度升高，可能超过绝缘材料的温度允许值，为了使温升不超过允许值，势必要进一步降低发电机出力。

(3) 使发电机机端电压下降。因为频率下降时，会引起机内电势下降而导致电压降低，同时，由于频率降低，使发电机转速降低，同轴励磁电流减小，使发电机的机端电压进一步下降。

(4) 对厂用电安全运行的影响。当低频运行时，所有厂用交流电动机的转速都相应的下降，因而火电厂的给水泵、风机、磨煤机等辅助设备的出力也将下降，从而影响电厂的出力。其中影响最大的是高压给水泵和磨煤机，由于出力的下降，使电网有功电源更加缺乏，致使频率进一步下降，造成恶性循环。

(5) 对用户的危害：频率下降，将使用户的电动机转速下降，出力降低，从而影响用户产品的质量和产量。另外，频率下降，将引起电钟不准，电气测量仪器误差增大，安全自动装置及继电保护误动作等。

2. 低频低压减载装置的作用

电力系统中，当大电源切除后可能会引起发供电功率严重不平衡，造成频率或电压降低，如采用自动低频减负荷装置（或措施）还不能满足安全运行要求时，须在某些地点装设低频、低压解列装置，使解列后的局部电网保持安全稳定运行，以确保对重要用户的可靠供电。

3. 低频低压减载装置的原理

当电力系统在实际可能的各种运行情况下，因故发生突然的有功功率缺额，导致系统频率下降，所以必须要及时切除相应不重要的部分负荷，使保留运行的系统部分能够迅速恢复到额定功率附近继续运行。低周减载保护中的频率是通过电压和时间的采样计算来获取的，利用 CPU 的计数器测量电压波形的两个过零点之间的平均时间，就可以计算出系统电压的频率值。

当系统频率小于低周减载保护定值至整定时间，该保护将自动判断是否切除负荷来恢复有功功率的平衡，使系统频率恢复到一定值，以保证系统的稳定运行和重要负荷的正常工作。其动作方程为

$$f \leqslant F$$
$$t \geqslant t\_F$$

式中　f——系统频率采样值；

F——低周减载保护定值；

t——系统频率采样值小于低周减载保护定值的时间；

t_F——低周减载保护的整定延时。

此保护设有低电压闭锁和滑差闭锁。低电压闭锁可以防止母线附近短路故障的近距离短路或电压输入信号为零时出现保护的误动作，滑差闭锁可以防止在系统发生振荡时出现保护误动作。

低压闭锁和滑差闭锁的方程为

$$u_{\max} \geqslant FU$$
$$\Delta f \leqslant FD$$

式中　$u_{\max}$——系统最大线电压值；

FU——低压闭锁定值；

Δf——频率的滑差值；

FD——滑差闭锁定值。

4. 低频低压减载装置的配置

保证电力系统的安全稳定运行是对所有稳定控制措施的基本要求，另外经济性也是需要考虑的问题之一。对于低频低压减载措施，其配置的指导方针可以概括为：在能够保持系统稳定、不造成大规模停电的基础上，尽量少切负荷。基于此方针，考虑国内电网的特点及国家电网公司对电网安全的要求，提出低频低压减载措施的配置原则如下：

（1）电力系统中发生第 1 级安全稳定标准对应的单一元件故障扰动后，如果系统可以保持稳定，电压在合理的范围内，自动低压减负荷装置不应动作。

（2）电力系统中发生第 2 级安全稳定标准对应的较严重的故障扰动后，如果相应的安全稳定第 2 道防线措施动作，且动作后系统可以保持稳定，电压在合理的范围内，自动低压减负荷装置不应动作。

（3）切除负荷量充足，满足不同故障下系统稳定性和恢复电压的要求，同时应避免过量切除负荷。

（4）合理设置各轮次动作电压和延迟时间，正确反映故障的严重程度，各轮次不应越级动作。

（5）低频低压减载措施要与其他第 3 道防线中措施相适应，减少不必要的损失，避免对电网造成进一步冲击。

5.2　实训、实操部分

5.2.1　调试前需准备的资料

（1）《继电保护及电网安全自动装置检验条例》。
（2）《继电保护及电网安全自动装置现场工作保安规定》。
（3）《电力系统继电保护及电网安全自动装置反事故措施要点》。
（4）《低频低压减载装置技术及使用说明书》。
（5）《低频低压减载装置分板电路原理图》。
（6）二次回路相关图纸及正式整定单。

5.2.2　危险点及预防措施

（1）要了解变电所的正常运行方式和特殊运行方式，以及运行方式变化时对保护的影响。凡与其他运行设备二次回路相连的连接片和接线应有明显标记，并按工作票要求仔细地将有关回路短开或短接，并做好记录。

（2）不得将电压二次回路短接或接地，防止 TV 二次回路失压造成失压解列装置误动作。

（3）必须可靠断开至电压互感器二次侧的回路，防止交流二次电压回路通电时引起反充电。

（4）加交流电流时应防止损坏交流插件及试验设备。

（5）保护装置校验过程中应断开至开关机构的跳合闸负电源，防止出口跳、合开关伤及一次人员；并防止高压试验时高压电源打入保护装置损坏插件及造成直流短路。

（6）插件插拔前关闭电源，防止造成集成块损坏及插件插头松动。

（7）试验前检查跳闸压板须在断开状态，并拆开跳闸回路线头，用绝缘胶布对拆头实施绝缘包扎，防止引起断路器误跳闸。

（8）为防止无线通信设备造成其他正在运行的保护设备的不正确动作，应不在继保室内使用无线通信设备，尤其是对讲机。

（9）做传动试验前应通知一次人员和值班员配合。

5.2.3　校验过程中应注意的事项

（1）断开直流电源后才允许插拔插件，插拔交流插件时应防止交流电流开路。
（2）存放程序的 EPROM 芯片的窗口要用防紫外线的不干胶封死。
（3）打印机及每块插件应保持清洁，注意防尘。
（4）调试过程中发现问题时，不要轻易更换芯片，应先查明原因，当证实确需更换芯片时，必须用经筛选合格的芯片。芯片插入的方向应正确，并保证接触可靠。

（5）试验人员接触、更换集成芯片时，应采用人体防静电接地的措施，以确保不会因人体静电而损坏芯片。

（6）原则上在现场不使用电烙铁，试验过程中如需要使用电烙铁进行焊接时，应用带接地线的电烙铁或电烙铁断电后再进行焊接。

（7）试验过程中，应注意插件位置不要插错。

（8）因检验需要临时短接或断开的端子，应逐个记录，并在试验结束后及时恢复。

（9）加入装置的试验电流和电压，如无特殊说明，均从保护屏端子上加入。

（10）试验回路的接线原则，应使通入保护装置的电气量与实际情况相符合。模拟故障的试验回路，应具备对保护装置进行整组试验的条件。

（11）为了保证检验质量，每次试验的数值与整定值的误差应满足规定的要求。

（12）试验数据要与上次校验结果作比较，以检验稳定性，若相差较大，应分析处理。

5.2.4 作业流程图

作业流程图见图 5-1。

图 5-1 作业流程图

5.2.5 作业技术要求

作业技术要求见表 5-1。

表 5-1 作 业 技 术 要 求

工序	操 作 步 骤	标准要求	安全注意事项
准备阶段	（1）了解工作地点一次、二次设备运行情况，确认本工作与运行设备有无直接联系，与其他班组有无需要相互配合的工作。 （2）工作人员明确分工并熟悉图纸与检验规程等有关资料。 （3）准备工器具、试验设备、备品备件、图纸、资料、整定单、作业指导书及往年的试验报告	试验仪表应检验合格，其精度应不低于0.5级	要了解变电所的正常运行方式和特殊运行方式，以及运行方式变化时对保护的影响
开工阶段	（1）查看图纸及现场实际后开工作票。 （2）值班员许可工作票。 （3）两交一查（交代安全措施、交代技术措施、查作业人员精神状态）	（1）工作负责人应查对运行人员所做的安全措施是否符合要求，在工作屏的正、背面由运行人员设置"在此工作"标示牌。 （2）工作负责人应对工作班成员详细交代工作任务、安全注意事项等	（1）如进行工作的屏仍有运行设备，则必须有明确标志，以与检修设备分开。 （2）工作人员在工作前应看清设备名称与位置，严防走错位置
做安全措施	（1）拆开电压端子内侧并用绝缘胶布包好。 （2）拆开跳闸负电源并用绝缘胶布包好。 （3）取下保护跳闸出口压板压板		（1）凡与其他运行设备二次回路相连的连接片和接线应有明显标记，并按工作票仔细地将有关回路断开或短接，并做好记录。 （2）不得将电压二次回路短路或接地，防止TV二次回路失压造成失压解列装置误动作。 （3）必须可靠断开至电压互感器二次侧的回路，防止对交流二次电压回路通电时引起反充电
外观及接线检查	（1）检查保护装置各插件上的元器件外观。 （2）检查保护装置的背板接线是否有断线、短路、焊接不良等现象，并检查背板上抗干扰元件的焊接、连线和元器件外观是否良好。 （3）核查逆变电源的额定电压是否正确。 （4）CPU插件硬件跳线检查	（1）各插件上的元器件外观质量、焊接质量应良好，所有芯片应插紧、型号正确，芯片放置位置正确。 （2）保护装置的各部件固定良好、无松动现象，装置外型应端正，无明显损坏及变形现象。 （3）各插件插拔灵活，各插件和插座之间定位良好，插入深度合适。 （4）保护装置的端子排连接应可靠，其标号应清晰正确。 （5）切换开关、按钮、键盘等应操作灵活，手感良好。 （6）各部件应清洁良好	试验人员接触、更换集成芯片时，应采用人体防静电接地的措施，以确保不会因人体静电而损坏芯片

工序	操作步骤	标准要求	安全注意事项
绝缘电阻测试	（1）将保护装置的CPU插件拔出机箱，其余插件全部插入。 （2）将打印机与保护装置断开。 （3）逆变电源开关置"投入"位置。 （4）保护屏上各连接片置"投入"位置。 （5）在保护屏端子排内侧分别为短路交流电流、交流电压回路端子，直流电源回路端子，跳闸回路端子，开关量输入回路端子，远动接口回路端子及信号回路端子。 （6）保护屏内绝缘电阻测试。在进行本项检验时，需在保护屏端子排处将所有外引线全部断开，仅对保护屏内进行绝缘电阻测试。 （7）整个二次回路的绝缘电阻测量。在保护屏端子排处将所有电流、电压及直流回路的端子连接在一起，并将电流回路接地点都拆开，用摇表测量整个二次回路的绝缘电阻	（1）投产时采用1000V摇表测量，全部或部分项目时用500V摇表测量。 （2）保护屏内采用1000V摇表分别测量各回路对地绝缘电阻，绝缘电阻要求大于10MΩ。 （3）用1000V摇表测量整个二次回路的绝缘电阻时，绝缘电阻要求大于1.0MΩ	（1）测量绝缘电阻时，应拔出装有集成电路芯片的插件（光耦及电源插件除外）。 （2）在测量某一组回路绝缘电阻时，应同时将其他回路都接地
逆变电源检查	（1）断开保护装置跳闸出口连片。 （2）外加80%额定电压，断开、合上逆变电源开关，逆变电源指示灯应亮。 （3）逆变电源输出电压及稳定性测试。 （4）空载状态下检测。保护装置仅插入逆变电源插件，分别在直流电压为80%、100%额定电压时通过转接板检测逆变电源的空载输出电压。 （5）正常工作状态下检测。保护装置所有插件插入，加直流额定电压，保护装置处于正常工作状态通过转接板测量	逆变电源输出电压允许范围： {逆变电源输出电压允许范围表}	外加80%额定电压时，正、负端子不可加反，采用的电源是110V还是220V必须确认，以防烧坏电源板
通电初步检查	（1）保护装置的通电自检。保护装置通电后，先进行全面自检。 （2）检验键盘。在保护装置正常运行状态下，然后按"↑"键，进入主菜单，选中"保护状态"子菜单，按"取消"键。而后，分别操作"→""←""↑""↓""确认"键，以检验这些按键的功能正确。 （3）打印机与保护装置的联机试验。进行本项试验之前，打印机应进行通电自检，打印机应能打印出自检规定的字符，表明打印机本身工作正常。将打印机的打印纸装上，并按打印机电源，保护装置在运行状态下，按"↑"键，进入主菜单后，移动光标至"打印报告"，按"确认"键进入定值和报告打印列表。打印出保护装置的动作报告、定值报告和自检报告，表明打印机与保护装置的联机成功。 （4）软件版本和程序校验码的核对。打印自检报告，然后进入主菜单，移动光标至"程序版本"按"确认"键，显示CPU插件的程序校验码和程序形成时间，应核对程序校验码均正确。 （5）时钟的整定。保护装置在"运行"状态下，按"↑"键，进入主菜单，移动光标至"修改时钟"，按"确认"键进入时钟的修改和整定状态。然后进行年、月、日、时、分、秒的时间整定。 （6）时钟的失电保护功能。时钟整定好以后，通过断、合逆变电源开关的方法，检验在直流失电一段时间的情况下，走时仍准确	（1）通电自检通过后，装置面板上的"运行"灯亮。此时，液晶显示屏出现全亮状态，表示液晶显示屏完好。 （2）保护装置的时钟每24h误差应小于10s。 （3）断、合逆变电源开关至少有5s的时间间隔	

逆变电源输出电压允许范围表：

标准电压/V	转接板测试孔	允许电压范围/V
+5	101—102	4.8～5.2
+12	104—105	11～13
−12	106—105	−11～13
+24	103—102	22～26
+24	113—313	22～26

工序	操 作 步 骤	标准要求	安全注意事项
定值整定	(1) 定值的整定。本项目是将定值整定通知单上的整定定值输入保护装置，然后通过打印定值报告进行核对。保护装置在"运行"状态下，按"↑"键，进入主菜单后，移动光标至"整定定值"进入定值整定菜单。根据定值整定通知单上的要求，进行保护定值整定。保护定值整定完后，按"确认"键后返回主菜单。 (2) 整定值的失电保护功能检查。整定值的失电保护功能可通过断、合逆变电源开关的方法检验，保护装置的整定值在直流电源失电后不会丢失或改变		
开关量输入回路检验	开关量输入回路检验。进入保护装置主菜单后，移动光标至"保护状态"功能，选择"开入显示"，依次进行开关量的输入和断开，同时监视液晶屏幕上显示的开关量变位情况		
功耗测量	(1) 交流电压回路的功耗测量。在保护屏的端子排上分别加电压 U_{ab}、U_{bc}、U_{ca} 为额定值，然后分别测量每相交流电压回路的电流值，得出每相交流电压回路的功耗。 (2) 直流回路的功耗测量。在微机保护的直流电源输入串一只直流电流表，在微机保护正常工作状态下和最大负载（保护动作）状态下分别测量直流电压和直流电流，得出直流回路的功耗	(1) 要求每相交流电压回路的功耗基本上小于 0.5VA。 (2) 要求直流回路的功耗测量正常工作状态下小于 35W，最大负载（保护动作）状态下小于 50W	
模数变换系统检验	(1) 检验零漂。本装置不加交流量时，保护装置进入"保护状态"菜单后，再选择"DPS 采样值"和"CPU 采样值"，进行相关模拟量的零漂检验。 (2) 模拟量输入的幅值特性校验。在保护屏的电压端子排上分别接试验设备的 U_a、U_b、U_c、U_N，用同时加三相电压的方法检验三相电压和频率的采样数据，并采用模拟单相故障的方法检验零序电压值。这时保护装置进入"保护状态"菜单后，选择"DPS 采样值"和"CPU 采样值"，以便分别校验三相电压值、频率和零序电压值（即 U_a、U_b、U_c、U_0、f）。同样在保护屏的线路电压端子排上加入单相电压，校验线路电压的采样数据。在电容器保护屏的零序电压端子排上加入单相电压，校验零序电压的采样数据。 (3) 调整输入交流电压分别为 70V、57.7V、30V、10V、1V，频率分别为 40Hz、50Hz、60Hz。 (4) 模拟量输入的相位特性校验。试验接线和试验方法同上。交流电流、交流电压均加额定值。保护装置进入"保护状态"菜单后，选择"相角显示"，以校验电压的相位	(1) 要求零漂值小于 0.05V。 (2) 要求保护装置的采样显示值与外部表计的误差应小于 5％。 (3) 当同相别电压相位分别为 0°、45°、90°时，保护装置的采样显示值与外部表计的误差应小于 3°	(1) 在试验过程中，保护装置如退出运行，"运行"灯熄灭，不影响采样数据的检验。 (2) 在试验过程中，如果交流量的测量误差超过要求范围时，应首先检查试验接线、试验方法和外部测量表计是否正确完好，试验电源是否有波形畸变，不可急于调整或更改保护装置的元器件

工序	操 作 步 骤	标准要求	安全注意事项
保护定值校验	（1）试验接线同上。 （2）低频减载保护校验。投入"低周保护投入"压板。在满足线路为运行状态（即开关为合位 TWJ＝0），母线有压（即 $U_{ab}>U_{lfzd}$），滑差 $df/dt<DF_{zd}$ 的情况下，进行频率测试。检查相应闭锁功能（低电压闭锁、滑差闭锁、频率值异常闭锁）。 （3）低电压保护校验。分别模拟 AB 相、BC 相、CA 相低压，先通入三相正常电压，开关状态为合位（TWJ＝0），模拟故障时间为 1.1 倍的时间定值，模拟故障将电压降至 $U=mU_{dyzd}$，$m=0.95$、1.05、0.7。检查相应闭锁功能（电压过低闭锁、电压突变闭锁、TV 断线闭锁）	（1）当系统发生故障，频率下降过快超过滑差闭锁定值时瞬时闭锁低周保护；电压降至满足低压闭锁的条件同样闭锁低周保护；当装置判断两段母线 $f<45Hz$ 或 $f>55Hz$ 则进行频率值异常闭锁低周保护；另外线路如果不在运行状态，则低周保护自动退出。 （2）低压保护在 0.95 倍定值时（$m=0.95$），应可靠动作；在 1.05 倍定值时应可靠不动作；在 0.7 倍定值时，测量保护的动作时间。 （3）当正序电压小于 $0.15U_N$ 时闭锁低压保护；当 $-du/dt$ 不小于定值时闭锁低压保护；当两段母线均 TV 断线时闭锁低压保护	
输出接点和信号检查	模拟故障时保护动作，检查信号灯和各触点，具体见试验报告表格		
整组试验	断路器传动试验。将跳闸负电源接上，直流电源降至额定电压的 80%，开关合上，"CD"充电灯亮，分别模拟低周保护和低压保护跳开关试验。上述试验应同时核查保护显示和报告情况	（1）模拟低周保护动作，开关应跳闸。 （2）模拟低压保护动作，开关应跳闸。 （3）保护动作情况、开关跳合闸及信号均应正确	（1）做带开关传动试验前应通知一次人员和值班员。 （2）外加 80% 额定电压时，正、负端子不可加反，以防烧坏电源板
定值与开关量状态的核查	按保护屏上的打印按钮，保护装置打印出一份定值、开关量状态及自检报告，并进行核对。若保护装置未置专门的打印机，可在当地后台机上打印定值并进行核对	定值报告应与整定通知单一致；开关量与实际运行状态一致；自检报告应无装置异常信息	
恢复安全措施	（1）恢复电压端子。 （2）检查安全措施是否有遗漏，包括临时接线是否全部拆除，拆下的线头是否全部接好，图纸是否与实际接线相符等		不得将电压二次回路短路或接地

工序	操 作 步 骤	标准要求	安全注意事项
工作终结	（1）检查试验记录有无漏试项目，试验结论、数据是否完整正确。 （2）整理设备、清扫现场。 （3）陪同值班员核对保护定值。 （4）陪同值班员检查安全措施恢复情况。 （5）对值班员进行现场交底。 （6）记录检修记录，包括整定值变更情况，二次接线更改情况，已经解决及未解决的问题及缺陷，运行注意事项和设备能否投运等。 （7）终结工作票		
带负荷试验	（1）交流电压的相名核对。用万能表交流电压挡测量保护屏端子排上的交流电压和相间电压，并分别测量本保护屏上的三相电压与已确认正确的三相电压间的数值，进行交流电压的相名核对。 （2）交流电压的采样值校验。保护装置在运行状态下，按"↑"键，进入主菜单，选择"保护状态"菜单后，进行交流量采样值校验。以实际负荷为基准，校验电压互感器变比是否正确。 （3）交流电压的相位校验。保护装置在主菜单中选择"保护状态"菜单，进行相位校验。在进行相位校验时，应分别检验三相电压的相位关系，并根据实际负荷情况，核对电压的相位关系		注意检查各母线频率采样
完成试验报告	完成试验报告、设备台账及危险点分析		

其他校验相关表格见表5-2～表5-22。

表 5-2　　　　　新安装检验、全部检验和部分检验的项目表

检 验 项 目	新安装检验	全部检验	部分检验
1. 外观及接线检查	√	√	√
2. 绝缘电阻检测	√	√	√
3. 逆变电源的检验			
3.1 检验逆变电源的自启动性能	√	√	
3.2 逆变电源输出电压及稳定性检测	√		
3.2.1 空载状态下检测	√		
3.2.2 正常状态下检测	√	√	√
4. 通电初步检查			
4.1 保护装置的通电检查	√		
4.2 检验键盘	√		
4.3 打印机与保护的联机试验	√		
4.4 软件版本和程序校验码的核查	√	√	√

检 验 项 目	新安装检验	全部检验	部分检验
4.5 时钟的整定与校验	√	√	√
5. 定值整定			
5.1 整定值的整定（其他检验打印定值清单）	√		
5.2 整定值的失电保护功能检查	√	√	√
6. 开关量输入回路检查	√	√	
7. 功耗测量	√		
8. 模数变换系统检验			
8.1 零漂检验	√	√	
8.2 模拟量输入的幅值特性检验	√	√	√
8.3 模拟量输入的相位特性检验	√		
9. 保护定值检验	√	√	
10. 输出接点和信号检查	√	√	√
11. 整组试验			
11.1 带断路器的传动试验	√	√	√
11.2 报警、闭锁回路试验	√	√	
12. 定值与开关量的检查	√	√	√
13. 带负荷试验	√		

表 5-3　　　　　　　　新安装检验、全部检验和部分检验的项目表

序号	工 器 具	数量	序号	工 器 具	数量
1	线包	1只	7	数字万用表	1只
2	电源板	2块	8	500V 或 1000V 摇表	1只
3	转接板	1块	9	线路二次图纸	1本
4	绝缘胶布	1卷	10	保护装置技术说明书	1本
5	十字螺丝刀	1把	11	调试大纲	1本
6	一字螺丝刀	1把	12	整定单	1份

表 5-4　　　　　　　　频率电压紧急控制装置校验试验设备

序号	试 验 设 备	数量	序号	试 验 设 备	数量
1	三相继电保护校验仪	1台	2	钳形表	1只

表 5-5　　　　　　　　低频低压减载装置全部校验报告

变电所名称		设备名称		校验性质	
整定单编号		厂家		装置电源	
装置型号		出厂编号		生产日期	

表 5 - 6　　　　　　　　　保护柜检查、清扫及装置外观接线检查

内　　容	结　　果
开关柜内端子排、装置背板接线检查清扫及螺丝压接检查情况	合格☐
电流互感器端子、开关机构箱清扫及螺丝压接检查情况	合格☐
各插件外观及接线检查、清扫情况	合格☐

表 5 - 7　　　　　　　　　　保 护 屏 上 压 板 检 查

内　　容	结　　果
压板端子接线是否符合反措要求	正确☐
压板端子接线压接及外观是否良好	良好☐

表 5 - 8　　　　　　　　　　　屏 蔽 接 地 检 查

内　　容	结　　果
检查保护引入、引出电缆是否为屏蔽电缆	符合要求☐
检查全部屏蔽电缆的屏蔽层是否两端接地	符合要求☐
检查保护屏底部的下面是否构造一个专用的接地铜网格，保护屏的专用接地端子是否用大于 6mm² 截面铜线连接到此铜网格上	合格☐
检查各接地端子的连接处连接是否可靠	合格☐

表 5 - 9　　　　　　　　　　　绝 缘 测 试 记 录 卡

检 查 内 容	标　　准	试 验 结 果
交流电流回路对地电阻	要求大于 $1M\Omega$	
交流电压回路对地电阻	要求大于 $1M\Omega$	
直流电压回路对地电阻	要求大于 $1M\Omega$	
交直流回路之间电阻	要求大于 $1M\Omega$	
装置插件各引出线对地及之间电阻	要求大于 $1M\Omega$	

表 5 - 10　　　　　　　　逆变电源自启动电压及拉合直流电源试验

内　　容	结　　果
逆变电源自启动电压/V	
拉合直流电源检查装置是否有异常现象	没有☐
直流电压缓慢地、大幅度地变化（升或降）时装置是否有异常现象	没有☐

表 5 - 11　　　　　　　　　　通 电 初 步 检 查

检 查 项 目	检 查 结 果	备　　注
保护装置的通电自检	合格☐	
保护装置上电信号保持检查	合格☐	
检验键盘	合格☐	
时钟的检查	合格☐	

表 5-12　　　　　　　　　　　　　　　　软 件 件 版 本 号 检 查

插件名称	版本号/序列号	CRC 码	密码	保护地址
版本信息				
逻辑信息				
上电后检查				

表 5-13　　　　　　　　　　　　　　　　　开 入 量 检 查

开关量名称	检 查 情 况
检修状态	

表 5-14　　　　　　　　　　　　　　　　交 流 量 零 漂 测 试

通 道 名	U_a	U_b	U_c
采样值			
要求值	要求值应在 0.05V 以内		

表 5-15　　　　　　　　　　　　　　　交 流 电 压 幅 值 特 性 测 试

显示值	外 加 值/V					误差
	1	5	30	60	100	
U_a						
U_b						小于±5%
U_c						

表 5-16　　　　　　　　　　　　　　　　　定 值 校 验

名 称	低频保护频率定值	低频保护闭锁电压	低频保护闭锁滑差	低频保护闭锁电流
整定值/A				
加 95% 整定值动作情况	可靠动作□	可靠不动作□	可靠动作□	可靠不动作□
加 105% 整定值动作情况	可靠不动作□	可靠动作□	可靠不动作□	可靠动作□

表 5-17　　　　　　　　　　　　　　　整 组 动 作 时 间 测 试

时间	起表	停表	起表方法	整定值	实测值
低频保护时间	试验装置空接点	跳闸接点	频率达到定值起表		

表 5-18　　　　　　　　　　　　　　　　　整 组 检 验

检查内容	保护投入情况	保护装置动作情况	开关动作情况	保护装置动作信号面板显示情况	后台机及远方监控系统信号
低频保护	投入跳闸压板	（正确）、（不正确）	（正确）、（不正确）	（正确）、（不正确）	（正确）、（不正确）
低压保护	投入跳闸压板	（正确）、（不正确）	（正确）、（不正确）	（正确）、（不正确）	（正确）、（不正确）

表 5-19   状 态 检 查

状 态 检 查 内 容	结 果
工作负责人周密检查施工现场，检查施工现场是否有遗留的工具、材料	无□
自验收情况检查	合格□
验收传动结束后，应清除所有保护装置内部的事件报告	已清除□
结束工作票前，按一下所有微机保护装置面板复位按钮，使装置复位，屏面信号及各种装置状态正常，以防保护装置处于不正常运行状态下	已完成□
检查安全措施是否已全部恢复	是□
工作中临时所做好安全措施（如临时短接线）是否已全部恢复	是□
检查各压板、切换开关及各开关位置等状态是否和工作许可时的状态一致	是□

表 5-20   整 定 单 检 查

整定单编号	整定单定值和实际定值是否一致	整定单上的设备型号和实际设备型号是否一致	实际电流互感器变比是否符合整定整单要求
	一致□	一致□	符合要求□

表 5-21   校 验 工 作 终 结

自检记录	记录改进和更换的零部件及改动的二次回路	
	发现问题及处理情况	
	遗留问题	

表 5-22   使用仪器仪表、试验人员、审核人员和试验日期

仪器仪表名称	型号	编号	仪器仪表名称	型号	编号
专职工程师审核	班技术员审查	工作负责人	工作班成员		试验日期

5.3 典型缺陷处理分析

5.3.1 母线电压异常

1. 缺陷现象

单台保护装置"告警"灯亮、查看装置报文显示"电压异常"（断线）告警。

2. 安全注意事项

在电压异常条件下电压闭锁功能将退出工作，保护有可能误动作。

3. 缺陷原因诊断及分析

保护装置电压断线或电压异常，原因主要有二次回路、空气开关故障和交流输入变换

插件或采样模块故障（不考虑全站交流电压回路异常的情况）。

检查判断故障点：若输入到保护装置的电压均正常，仅保护装置内采集显示电压不正常，则可以判断为保护装置的交流输入变换插件或者采样模块故障；若存在空气开关自动跳闸，空气开关上桩头电压正常而下桩头电压不正常则可以判断为保护交流空气开关故障；若空气开关上桩头输入电压也存在异常，则需要检查二次回路，进一步排除故障点。

4. 缺陷处理

（1）二次回路故障。查找故障时采用分段查找的方法来确定故障部位，判断外部输入的交流电压是否正常。用万用表测量保护装置交流电压空气开关 ZKK 上桩头电压，若空气开关上桩头电压不正确，则检查装置电压切换插件回路的输入电压是否正常。若输入到电压切换插件电压不正常，则应首先检查电压小母线至端子排的配线是否存在断线、绝缘破损、接触不良等情况。若输入到电压切换插件电压正常，则应检查切换后电压至保护装置空气开关上桩头之间的配线是否存在断线、绝缘破损、接触不良等情况。检查中注意不得引起电压回路短路、接地。

处理方案：对二次配线进行紧固或更换。特别要注意自屏顶小母线的配线更换时要先拆电源侧，再拆负荷侧；恢复时先恢复负荷侧，后恢复电源侧。

（2）空气开关故障。若空气开关上桩头电压正常，则继续检查端子排内侧至保护装置交流插件的各个端子上的电压。若存在异常，则应先检查空气开关下桩头至端子排的配线是否存在断线、短路、绝缘破损、接触不良等情况。若上述回路没有存在断线、短路、绝缘破损、接触不良等情况，则可以判断为交流电压空气开关故障。

处理方案：更换交流电压空气开关。需要注意的方面：空气开关上桩头的配线带电，工作中注意用绝缘胶带包扎好；防止方向套脱落。更换中注意不要引起屏上其余运行中的空气开关的误断，必要时用绝缘胶带进行隔离。更换完毕后，对二次线再次进行检查、紧固，并测量下桩头对地电阻。

（3）交流输入变换插件或采样模块故障。若输入到保护装置的电压均正常，仅保护装置内采集显示电压不正常，则可以判断为保护装置的交流输入变换插件或者采样模块故障。

处理方案：交流输入变换插件包括交流电压及电流输入，因此，处理时保护装置失去作用，需停用整套微机保护装置，在对外部电流回路进行好短接后才能开始消缺。断开保护装置直流空气开关后，取出交流输入变换插件或采样模块，检查电压小 TV，确认故障元件后进行更换或直接更换交流输入变换插件、采样模块。特别注意若更换插件，需要确定交流额定值符合要求（额定电流是 1A 还是 5A）。

5.3.2 电流回路异常

1. 缺陷现象

保护装置报"电流回路异常"或"电流回路断线"。

2. 安全注意事项

电流回路的检查、处理，应遵循《继电保护和电网安全自动装置现场工作保安规定》，必须做好安全措施，保证人身和设备安全。防止运行中的电流回路开路，并且保证电流回路不失去接地点；断开电流回路连片时须先短后断，如果处理时会导致电流互感器侧失去接地点时，应增设临时接地点（但要确保所有回路一点接地），并在作业完成后及时拆除。为了保证设备安全运行，在短接或断开电流回路前，必须退出与其有关的保护，在电流回路未恢复正常时，禁止投入相关保护。为了保证人身安全，作业人员应站在绝缘垫上工作。

3. 缺陷原因诊断及分析

电流回路断线或电流回路异常告警的故障原因主要有交流变换插件、采样模块、二次回路、电流互感器本体故障等。

检查判断故障点：对保护装置背板电流输入线用钳形电流表进行测试，若钳形表显示而正常而保护装置显示不正常，则可以判断为装置内部（交流变换插件、采样模块）故障；若钳形表显示不正常，则进一步到端子箱处用钳形表测试，电流显示正常则可以判断问题在二次回路上；若此处也不正常，则可以判断问题电流互感器本体故障或本体上接线错误。

4. 缺陷处理

（1）交流变换插件或者采样模块故障。查看装置显示值、用钳形表测量端子至保护输入是否一致，如果不一致，则说明二次回路或保护装置有问题；若保护装置输入电流使用钳形表测量正常，则可以判断为保护装置的交流输入变换插件或者 VFC 板插件故障。

处理方案：交流输入变换插件包括交流电流以及电压，因此，处理时保护装置失去作用，需将该间隔改为冷备用，断开控制直流空气开关及保护用直流空气开关。将交流输入变换插件或采样模块取出，对于交流变换插件应根据分板图检查电流小 TA，并进行相关测试以确定故障点，对插件板内故障元件进行更换或直接更换交流变换插件；对于 VFC 板一般直接更换采样模块即可。特别注意若更换插件，需要分清楚版本和交流电流的额定值。

（2）二次回路输出及电流互感器本体故障。如经钳形表测量与保护装置电流显示一致，则可能是电流二次回路上或电流互感器本体装置输出不正确，这时应检查保护装置电流端与开关端子箱端子排之间电流端子排连接片、连接电缆、配线、接地等是否有明显的松动、绝缘破损和是否存在多点接地等情况。

处理方案：当发现存在回路端子松动、连接不良等情况时，应进行紧固。对于电流端子，应特别注意二次接线的压接情况，防止因为电缆芯剥离较短而压接在电缆芯绝缘皮上的情况。在这种情况下，往往表现为电流不平衡、似通非通的现象。当发现在二次回路上存在电流端子断裂、电流端子排损坏的情况，必须进行更换时，应根据现场实际情况，充分考虑可操作性和安全性，申请合适的设备状态进行处理。设备条件允许时，应停电处理。若无法停电处理，必须做好防止电流二次回路开路的措施后，进行更换端子排的操作。对存在多点接地的情况请根据二次反措的要求避免失去永久接地点。

5.3.3 动作出口不正确

1. 缺陷现象

保护动作指示灯显示不正确、保护动作实际未出口。

2. 安全注意事项

保护动作指示不正确处理一般都需要将保护改信号或陪停线路，在检查之前，必须对线路保护的数据进行采集分析，开工前必须做好相应的二次安全措施，填写二次附页。

3. 缺陷原因诊断及分析

线路保护动作指示灯显示不正确、报文显示不正确主要原因有装置内部出现问题或二次回路接线错误、保护整定错误。

检查判断故障点：保护功能试验检查，功能不正常则可以判断为整定值设置错误或 CPU 插件、逻辑插件有故障；保护功能试验正常，而保护装置出口不正常，则可以判断为装置电源板故障；保护装置出口正常，但一次设备动作不正常，则可以判断为二次回路故障。

4. 缺陷处理

（1）装置内部出现问题。保护动作后，保护输出动作指示灯，各保护 CPU 会将本插件的所有出口信息送往通信面板 MMI，由 MMI 按时间顺序汇总后送往液晶显示屏显示及打印，打印机会打印这次保护动作报告和采样值，一般有哪几种保护启动和动作，保护动作报文序列按动作时间顺序排列。也可以从分 CPU 调取分报告，可以看出分 CPU 的动作过程（包括中间过程）和采样值，检查监控或 SOE 事件顺序记录是否符合保护动作报告所显示的内容，如果不符，则需要再次分析数据，直到找出原因。

处理方案：①对实际动作行为与保护或操作箱指示灯不符的，应进行数据的综合分析；②根据动作报告模拟试验进行事故再现，看内部逻辑和保护报告、灯光信号是否与模拟一致；③重点检查内部逻辑配线和对插件进行测试，对错误接线及插件进行改正和更换。

（2）二次回路接线错误。根据处理步骤（1）的中分析判断如果是二次接线错误，则根据试验的数据判别问题所在，进行针对性的查找，如果判别不出则进行整个回路的查找。

处理方案：①根据竣工图和保护原理图对实际接线进行核对；②对错误接线进行改正前需要进行确认；③对改正后接线回路进行试验，确保动作逻辑、信号符合整定要求。

（3）保护整定错误。核对保护所在定值区，与整定单应一致，检查并打印保护装置定值，对照整定单进行核对，并进行更能试验。

处理方案：①确认整定定值区与先前整定一致；②按照整定对保护进行功能性试验，核对整定值对保护动作的影响；③根据正确的整定值进行再次试验检查。

5.4 实际案例分析

低压故解整定与设计图纸不符。某变电站 110kV 低周故解装置因频率降低造成保护动作，跳开 1 号主变 10kV 开关、2 号主变 10kV 开关，××联切线路未跳开，保护动作不正确。现场人员检查后发现出口接点经重动继电器重动，重动继电器 QJ1 重动出口压板为 1LP-1~1LP-8，重动继电器 QJ2 重动出口压板为 1LP-9~1LP-16，1 号主变 10kV 断路器、2 号主变 10kV 断路器出口分别为 1LP-4、1LP-5，而××联切线路出口为 1LP-14，查阅整定单发现低压解列Ⅰ段投入即 QJ1 重动出口保护动作时跳开，低压解列Ⅱ段退出即 QJ2 重动出口保护动作时不出口。

处理方法：整定人员与设计人员联系后将××联切线路改接至压板 1LP-6，经整组试验后保护正确动作。

第6章 故障录波器

6.1 基础知识

6.1.1 故障录波器概述

故障录波装置是在电力系统发生大扰动时，自动记录重要电力设备的电参量以及继电保护及安全自动装置的动作触点变化过程，提供故障录波数据分析功能的自动装置。故障录波装置一般由录波板和录波管理机组成。其中录波单元完成电压、电流、通道信号、模拟量和开关量的数据采集、转换、处理及存储；录波管理机为用户提供录波器设置、录波文件后存储、波形分析、打印、数据远传等功能。故障录波单元功能相对独立，除录波单元配置和波形分析外，不依赖录波管理机，可以单独工作。故障录波装置一般采用嵌入式结构及操作系统，以保证运行的稳定性和录波的可靠性。

故障录波装置按功能一般分为线路故障录波器、主变故障录波器和发电机/变压器组故障录波器三种类型，在主要发电厂、220kV 及以上变电站和 110kV 重要变电站装设线路故障录波器和主变故障录波器，单机容量为 200MW 及以上的发电机变压器组装设专用发电机变压器组故障录波器。

6.1.2 模拟量采集原理

模拟量采集利用模拟变换器将需要记录的信号转换为适于录波单元处理的电平信号，同时，实现信号与录波器之间在电气上的隔离。模拟信号变换器的数量和类型，根据输入信号的类型确定，交流模拟量及直流模拟量的采集系统硬件结构原理见图 6-1 和图 6-2。

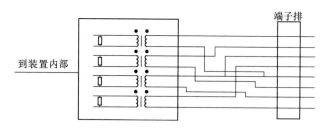

图 6-1　交流模拟量采集系统硬件结构原理图

6.1.3 开关量采集原理

开关量一般采用光耦隔离元件实现电气隔离，利用大规模 FPGA 技术将开关量输入信号传送录波单元。故障录波器装置目前一般配置 128 路开关量，如现场应用开关量不够

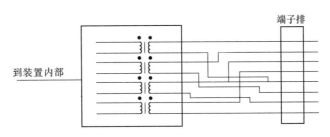

图 6-2　直流模拟量采集系统硬件结构原理图

时，可以增加开关量插件进行扩充，开关量路数的配置与模拟量路数无关，单独配置。开关量采集系统逻辑原理见图 6-3。

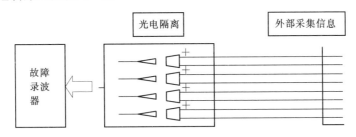

图 6-3　开关量采集系统逻辑原理图

6.1.4　数据的存储

新型故障录波装置的录波单元一般具有同步双存储能力，录波单元中的 DSP 板上配置 FLASH 存储器，采用循环覆盖方式可以保存最近 512 次故障录波；录波单元配置大容量存储器，可以保存不小于 20000 次故障录波；录波单元与 DSP 板采用并行同步存储，而不是传统的先保存在 DSP 板上，后在从 DSP 板通过并口或其他方式上传到录波单元。录波管理机平时可以退出运行，并且不会影响录波单元的正常工作，当需要操作录波单元时（设置定值、修改线路参数等），或需要对录波数据分析打印时，再启用录波管理机。

6.1.5　故障录波装置的启动方式

故障录波装置常用启动方式有以下种类：

（1）电压、电流突变量、越限，其判断公式为

$$U_N > U_{SET}$$

$$I_N > I_{SET}$$

$$\Delta U > \Delta U_{SET}$$

$$\Delta I > \Delta I_{SET}$$

式中　U_{SET}——相电压越限启动定值，高越限定值一般整定为 110V（二次额定电压），低越限定值一般整定为 90V；

I_{SET}——相电流越限启动定值（二次额定电流）；

ΔU_{SET}——相电压突变量启动定值；

ΔI_{SET}——相电流突变量启动定值；

U_N——TV 二次值，可为 a、b、c 三相任意相；

I_N——TA 二次值，可为 a、b、c 三相任意相；

ΔU——TV 二次突变值；

ΔI——TA 二次突变值。

（2）工频频率越限、变化率。

（3）谐波量。包括三次谐波、五次谐波和七次谐波等。

（4）直流量越限、突变量。判别公式类似于电流突变量、越限启动。

（5）序分量启动。包括零序负序分量启动。

（6）开关量变位。

（7）手动等。

6.1.6 故障录波装置的记录方式

故障录波装置启动后，数据采用分段记录方式，按顺序分 A、B、C、D、E 五个时段，其中：

（1）A 时段。系统大扰动开始前的状态数据，输出原始记录波形及有效值，记录时间不小于 0.04s。

（2）B 时段。系统大扰动后初期的状态数据，可直接输出原始记录波形，可观察到五次谐波，同时也可输出每一周波的工频有效值及直流分量值，记录时间不小于 0.1s。

（3）C 时段。系统大扰动后的中期状态数据，输出连续的工频有效值，记录时间不小于 10s。

（4）D 时段。系统动态过程数据，每 0.1s 输出一个工频有效值，记录时间不小于 20s。

（5）E 时段。系统长过程的动态数据，每 1s 输出一个工频有效值，记录时间不小于 10min。

220kV 系统线路发生单相故障后的电压故障录波图见图 6-4。

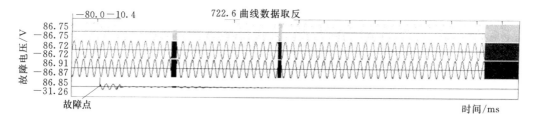

图 6-4 单相故障后电压故障录波图

6.1.7 故障录波装置波形记录及分析

故障录波装置记录波形是将录波装置采集到的电参量和开关量等用波形的形式通过打印机输出或通过后台分析软件处理后显示出来，供技术人员分析使用。

6.2 故障录波器试验工作

录波波形的数据分析一般通过故障录波器管理机上的软件进行。以某变电站实际发生的单相接地故障为例对相关数据进行分析。

6.2.1 工作前准备

调试人员在调试前要做四个方面的准备工作：准备仪器、仪表及工器具；准备好装置故障所需的备品备件；准备调试过程中所需的材料；准备被调试装置的图纸等资料。

（1）仪器、仪表及工器具。故障录波装置调试所需的仪器、仪表及工器具应包含以下几种：组合工具、电缆盘（带动作保护器）、计算器、绝缘电阻表、微机型继电保护测试仪、钳形相位表、试验接线、数字万用表。

使用的仪器、仪表经检验合格且在有效期范围内。

（2）备品备件。为了在检验过程中及时更换故障器件，调试前应准备充足的备品备件。备品备件主要有：电源插件、DSP板、CPU板。不同型号的装置结构可能会不同，调试人员应根据装置的实际情况确定。

（3）材料。调试用材料主要有：绝缘胶布、自粘胶带、小毛巾、中性笔、口罩、手套、毛刷、防静电。

（4）图纸资料。调试用的图纸资料主要有：与现场运行装置版本一致的装置技术说明书、装置及二次回路图纸、调度机构下发的定值通知单、上次装置检验报告、调试规程、作业指导书等资料。

6.2.2 安全技术措施

安全技术措施是为了规范现场人员作业行为，防止在调试过程中发生人身、设备事故而制定的全保障措施。在装置调试工作开始前，办理开工手续时，同时应填写继电保护安全措施票，并让全体调试人员学习，在调试工作过程中严格遵守。安全技术措施的一项重要内容是危险点分析及安全控制措施。

有关危险点分析及控制方法如下。

（1）人身触电。具体如下：

1）误入带电间隔。控制措施：工作前应熟悉工作地点、带电部位。检查现场安全围栏、安全警示牌、接地线等安全措施。

2）接、拆低压电源。控制措施：必须使用装有漏电保护器的电源盘。螺丝刀等工具金属裸露部分包好绝缘。接拆电源时至少有两人执行，必须在电源开关拉开的情况下进行。临时电源必须为专用电源，禁止从运行设备上取得电源。

（2）工作前认真填写安全措施票。工作开工后先执行安全措施票，由工作负责人负责做的每一项措施要在"执行"栏作标记。工作结束后，要持此票恢复所做的安全措施，以保证完全恢复。

（3）严格执行风险分析卡和继电保护作业指导书。

（4）集成块和插头损坏。带电插拔插件，易造成集成块损坏。频繁插拔插件，易造成插件插头松动。控制措施：插件插拔前关闭电源。

（5）计算机感染病毒。计算机感染病毒，造成机器不能正常工作。控制措施：①管理机应安装防病毒软件，定期升级；②避免使用文件拷贝方式，使用的 U 盘等需杀毒处理；③采用嵌入式操作系统。

6.2.3 故障录波器系统的调试

本节主要介绍故障录波器系统子站的调试，主站的调试步骤与子站基本相同。故障录波器系统的调试主要包含以下内容：外观及接线检查、逆变电源的检验、通电初步检验、主站信息核对、保护装置信息调用检验、故障录波器信息调用检验、GPS 对时检验、与自动化接口检验、主站通道检验。

下面以国内典型故障录波器系统为例说明调试过程。

1. 系统调试

（1）检查参数设置检查。

1）检查装置型号、参数与设计图纸是否一致，装置外观应清洁良好，无明显损坏及变形。

2）检查屏柜及装置是否有螺丝松动，特别是电流回路的螺丝及连片，不允许有丝毫松动的情况。

3）对照说明书，检查装置插件中的跳线是否正确。

4）检查插件是否插紧。

5）装置的端子排连接应可靠，且标号应清晰正确。

6）装置外部接线和标注应符合图纸。

7）检查故障录波器装置引入、引出电缆是否为屏蔽电缆，检查全部屏蔽电缆的屏蔽层是否接地。

8）检查屏底的下方是否构造一个专用的接地铜网格，装置屏的专用接地端子是否经一定量铜线连接到此铜网格上，检查各接地端子的连接处是否可靠。

（2）绝缘电阻试验。检查故障录波器屏体内二次回路的绝缘性能，试验前注意断开有关回路连线，防止高电压造成设备损坏。

1）试验前准备工作。

a. 在端子排处断开直流电源、交流电流、电压回路外部连线，以及录波装置与其他装置的线，断开打印机与装置的连接。

b. 在录波装置端子排内侧分别短接交流电压回路端子、交流电流回路端子、直流电源回路、开关量输入回路端子、远动接口回路端子及信号回路端子。

2）绝缘电阻检测。

a. 交流回路对地、交流回路之间、交流回路与直流回路之间用 1kV 绝缘电阻表测量，绝缘电阻不小于 10MΩ。

b. 直流回路对地用 1000V 绝缘电阻表测量，施加时间不小于 5s，绝缘电阻不小于 10MΩ。

c. 电源回路对地、电源回路之间用 1000V 绝缘电阻表测量，施加时间不小于 5s，绝缘电阻不小于 10MΩ。

（3）装置上电检查。检查装置上电后的运行状态是否正常，试验人员主要观察面板指示灯、液晶显示、打印机状态主装置电源接通后，检查装置各信号指示灯是否正常。正常时，"运行""电源"灯应该亮，"录波故障"灯熄灭，软件运行界面应正常，无异常告警，打印装置应正确连接，时钟应正常显示。

（4）配置录波管理机。打开录波管理机软件界面，设置录波单元的基本参数、运行环境参数和用户权限。

（5）开入、开出调试。

a. 开入信号调试。设定定值为所有开关量通道启动。依次短接或断开开关量，装置应启动录波。依次查看开关量变位情况，将此测试项目的波形文件存档。

b. 开出信号调试。装置异常告警。用万用表测量此告警输出触点，在下列情况下该节点动作：故障灯亮、电源异常、装置自身异常。

2. 结束工作

在装置调试过程中填写好试验报告，装置调试结束后，确认时钟已校正和同步，做好工作交代记录，所有拆接线恢复原状，复归所有信号，办理工作结束手续。

6.3 典型缺陷处理分析

典型故障录波器的常见异常及处理方法有以下方面：

（1）若故障录波器系统子站与站内保护装置、录波器通信不通，应检查子站与各保护装置、故障录波器的通信线缆、光纤通道等连接是否正确、可靠，在通道确认正确的情况下，检查子站、保护装置与录波器地址参数的对应关系是否配置正确。

（2）若故障录波器系统主站、子站通信不通，应检查主站、子站间通信线缆、光纤通道等连接是否正确、可靠，在通道确认正确的情况下，检查主站、子站地址参数的对应关系是否配置正确。

（3）若故障录波器系统主站、子站召唤信息不正确、不完整，应检查配置的传输规约等参数是否正确，若无问题，应对程序进行检查。

（4）若故障录波器系统子站装置与变电站当地监控系统通信不通或上送信息不正确，应检查通道完好性及上送信息与监控系统中监控点的对应关系。

（5）若装置直流电源消失，应检查保护柜直流开关是否跳开，接入是否正确。

（6）频繁启动录波。打开录波管理机主程序，仔细查看每个录波数据提示的启动信息。根据启动信息的提示，适当的调整对应的定值的大小。

（7）不能启动录波。打开录波数据查看是否有采样信号波形，如没有波形或波形不正常，请检外部接线是否正确，使用万用表测量端子排输入端是否正常，在排除外部问题后，如果故障不能消失则可能是接入插件或变送器故障。

（8）液晶屏幕无显示。检查电源是否接入，使用万用表测试电源电压是否正确，电源开关是否合上。

（9）录波单元异常处理。录波单元死机，检查电源系统是否正常：①通信故障灯亮，表示与 DSP 通信故障，请首先确认 DSP 插件与 CPU 插件之间的通信线是否松动；②硬盘故障灯亮，表示硬盘故障。

（10）管理机与录波单元通信异常。如果录波单元指示正常，但管理机无法正常与录波单元通信：①检查网络插件上的网线是否连接可靠，其中连接录波单元和录波管理机的网口，都应该是绿色指示灯亮，否则可能是网线故障或网络插件故障；②检查 IP 地址、子网掩码设置是否正确。

第7章 电压并列回路

7.1 基 础 知 识

电压并列装置的工作原理：变电所内主接线采用双母接线的电压互感器，每段母线都有一台电压互感器，当某段母线电压互感器检修或因故障需要退出运行，为了使此段母线上元件的保护装置不失去电压，此时需要将两段母线上的电压互感器电压并列回路并列。二次并列前先将一次设备并列运行，合上母联（分段）开关，再将电压并列把手打在并列位置，由母联（分段）断路器辅助触点与母联（分段）断路器隔离开关接点串联后启动电压并列继电器，将母线电压互感器二次并列。

7.1.1 电压并列装置校验工作的基本要求

（1）《继电保护和安全自动装置技术规程》（GB/T 14285—2006）相关规定。

（2）使用环境。工作温度：$-20 \sim +60℃$，相对湿度 $5\% \sim 95\%$。

（3）装置额定参数。电源：直流220V、110V，额定频率：50Hz。

（4）装置功率消耗。工作正常时不大于5W，当保护动作时不大于8W。

（5）技术要求。环境温度$-5 \sim 45℃$（控制室）、$-10 \sim 55℃$（开关室），装置应能满足精度要求。自动装置静电放电试验、快速瞬变试验、脉冲群干扰试验、辐射电磁场干扰试验、冲击电压试验和绝缘试验应符合IEC标准。

（6）防干扰。在雷电过电压、一次回路操作过电压及其他强力干扰作用下，不应误动和拒动。装置与其他装置之间的输入、输出回路，应采用光电耦合隔离或继电器接点隔离，不应有直接电气联系。

（7）直流电源在（$80\% \sim 115\%$）额定值范围内变化时，装置应能动作。

（8）装置异常及交直流电源消失等应有经常监视及自诊断功能以便在动作后启动告警、远动信号。

（9）装置应有防止电压互感器电压并列回路反充电措施。

（10）每套电压并列装置应能完成两段母线的电压并列。

7.1.2 电压并列装置电压并列回路

电压并列原理图、电压并列二次回路图见图7-1和图7-2。

电压并列继电器3ZJ1～3ZJ8动作后，继电器3ZJ1～3ZJ8的工作接点将动作，自动实现两段母线交流二次保护电压、计量电压的并列。

1. 二次电压自动并列回路

当并列把手1BK切换到并列位置（见图7-1并列把手1BK示意图），同时将母分断路器、母分Ⅰ、Ⅱ段隔离开关均在合位置，此时装置将自动实现二次电压并列功能。

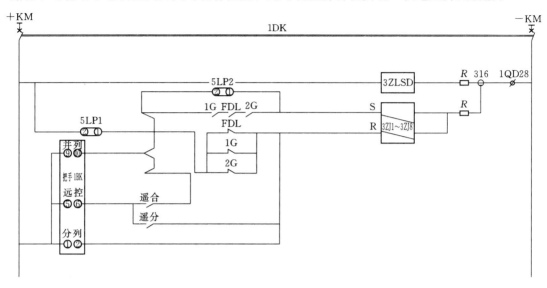

图 7-1　电压并列原理图

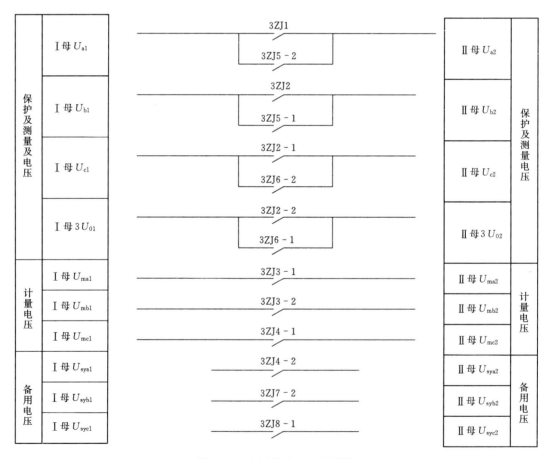

图 7-2　电压并列二次回路图

2. 二次电压自动分列回路

当母分开关在分位置，且自动分列压板 5LP1 在投入位置，此时装置将自动实现二次电压分列功能。

3. 二次电压强制并列回路

当并列把手 1BK 切换到并列位置，同时将强制并列把手切换到强制并列位置，此时两段母线二次电压实现强制并列。

4. 二次电压强制分列回路

当并列把手 1BK 切换到分列位置，此时两段母线二次电压实现强制分列。

7.2 电压并列检查、试验工作

7.2.1 工作前准备

在对电压并列回路进行检验前，工作人员要对相关的检验规程、技术规程、反措要求等进行熟悉和掌握，熟悉相应的图纸、资料，以便能够在检验的过程中做到心中有数。

1. 电压并列回路检验相关规程的准备以及熟悉、掌握

在对电压并列回路进行检验之前，工作人员做好明确分工，首先要对相关的技术规程、检验规程、验收规范等进行熟悉和掌握，包括《继电保护和安全自动装置技术规程》《继电保护和电网安全自动装置检验规程》继电保护反事故措施等关于电压并列回路有关规定。

2. 相关图纸、资料的准备和熟悉

在检验前，熟悉与实际状况一致的图纸、清楚校验过程中需要完成的反措项目，为检查、试验项目的严格把关打下基础。

3. 作业指导书的编制、执行

在现场进行检验工作前，应认真了解被检验装置的一次设备情况及其相邻的一次、二次设备情况，与运行设备关联部分的详细情况，据此按照现场标准化作业指导书的执行规定，提前编制，明确作业危险点、检验方法、步骤，特别是检验设备与运行设备相关部分应具体详细，如提前无法确认端子号的位置，可到现场补充。

4. 仪器、仪表的准备

现场准备完好、齐备、处于检验合格期内的仪器、仪表，并应满足继电保护和安全自动装置基本试验方法的规定。

7.2.2 现场检验

7.2.2.1 工作许可

工作负责人协同工作许可人员遵照国家电网电力安全工作规程履行工作许可手续，工作负责人应查对运行人员所做的安全措施，必须符合要求，在工作屏的正、背面由运行人员设置"在此工作"标示牌；如进行工作的屏仍有运行设备，则必须有明确标志，以与检修设备分开。

工作负责人应对工作班成员详细交代工作任务、安全注意事项、一次设备运行环境及注意事项等。

7.2.2.2 实施继电保护工作安全措施

在进行继电保护电压并列回路试验前，应首先实施继电保护工作安全措施，通常将二次电压回路、闭锁回路等与运行设备有关的连线断开。同时执行继电保护安全措施，应满足以下要求：

（1）拆前应先核对图纸，凡与运行设备电压并列回路相连的连接片和接线应有明显标记，如没有则应标上。

（2）按安全措施票仔细逐项地将有关回路断开或短接，并做好记录。

（3）电压并列回路校验工作结束后，按安全措施票逐项恢复所做安全措施，并做好记录。

（4）安全措施实施过程中严禁将运行中的电压并列回路短路或接地，防止 TV 电压并列回路失压造成自动装置误动作。

7.2.2.3 外观接线检查

（1）检查电压并列回路外观和接线，电压并列回路确保无断线、短路现象。

（2）检查电压并列回路端子排螺丝无松动、生锈等接触不良现象。

（3）确保电压并列回路清洁，灰尘清扫。

7.2.2.4 电压并列回路绝缘检查

在对电压并列回路进行绝缘检查前，交流电压回路已在电压切换把手或分线箱处与其他单元设备的回路断开，并与其他回路隔离完好后，才允许进行电压并列回路绝缘检查。

（1）合上保护逆变电源开关。

（2）并列屏上各压板置"投入"位置。

（3）试验线连接要紧固。分别对电压、直流控制、信号回路，用 1kV 绝缘电阻表测量绝缘电阻，其阻值均应大于 1MΩ。

（4）在保护屏端子排内侧分别短路交流电流、交流电压回路端子，直流电源回路端子，跳闸回路端子，开关量输入回路端子，远动接口回路端子及信号回路端子。

（5）保护屏内绝缘电阻测试。在进行本项检验时，需在保护屏端子排处将所有外引线全部断开，仅对保护屏内进行绝缘电阻测试。

（6）整个电压并列回路的绝缘电阻测量。在保护屏端子排处将所有电压及直流回路的端子连接在一起，用摇表测量整个电压并列回路的绝缘电阻。

（7）每进行一项绝缘试验后，须将试验回路对地放电。

7.2.2.5 二次电压自动并列、分列回路的检查

（1）将并列把手 BK 切换到并列位置，合上母分Ⅰ、Ⅱ段隔离开关、母分断路器，此时装置将自动实现二次电压并列功能。检查表 7-1 端子通断情况，同时检查监控、后台信号是否与装置实际状态相符。

（2）将自动分列压板 5LP1 在投入位置，遥控分母分开关，装置将自动实现二次电压分列功能。检查表 7-2 端子通断情况，同时检查监控、后台信号是否与装置实际状态相符。

表 7-1   二次电压并列端子通断表

端子号	状态	端子号	状态
5D1~5D47	连通	5D5~5D51	连通
5D2~5D48	连通	5D6~5D52	连通
5D3~5D49	连通	5D7~5D53	连通
5D4~5D50	连通		

表 7-2   二次电压分列端子通断表

端子号	状态	端子号	状态
5D1~5D47	不连通	5D5~5D51	不连通
5D2~5D48	不连通	5D6~5D52	不连通
5D3~5D49	不连通	5D7~5D53	不连通
5D4~5D50	不连通		

7.2.2.6　二次电压强制并列、分列回路的检查

（1）将并列把手 BK 切换到并列位置，同时将强制并列开关 ZK 切换到强制并列位置，此时二次电压回路强制并列。检查表 7-3 端子通断情况，同时检查监控、后台信号是否与装置实际状态相符。

表 7-3   二次电压强制并列端子通断表

端子号	状态	端子号	状态
5D1~5D47	连通	5D5~5D51	连通
5D2~5D48	连通	5D6~5D52	连通
5D3~5D49	连通	5D7~5D53	连通
5D4~5D50	连通		

（2）将并列把手 BK 切换到分列位置，此时二次电压回路强制分列。检查表 7-4 端子通断情况，同时检查监控、后台信号是否与装置实际状态相符。

表 7-4   二次电压强制分列端子通断表

端子号	状态	端子号	状态
5D1~5D47	不连通	5D5~5D51	不连通
5D2~5D48	不连通	5D6~5D52	不连通
5D3~5D49	不连通	5D7~5D53	不连通
5D4~5D50	不连通		

7.2.2.7　二次并列回路试验的注意事项

（1）保护室内使用无线通信设备，易造成其他正在运行的保护设备不正确动作。控制措施：不在保护室内使用无线通信设备，尤其是对讲机。

（2）为防止一次设备试验影响二次设备，试验前应断开保护屏电流端子连接片，并对

外侧端子进行绝缘处理。

（3）电压小母线带电易发生电压反送事故或引起人员触电。控制措施：断开交流二次电压引入回路，并用绝缘胶布对所拆线头实施绝缘包扎，带电的回路应尽量留在端子上防止误碰。

（4）带电插拔插件，易造成集成块损坏。频繁插拔插件，易造成插件插头松动。控制措施：插件插拔前关闭电源。

（5）需要对一次设备进行试验时，如开关传动，TA极性试验等，应提前与一次设备检修人员进行沟通，避免发生人身伤害和设备损坏事故。

（6）部分带电回路可能引起工作中的短路或接地，或导致运行设备受到影响，这些回路应该在试验前断开或进行可靠隔离。

7.2.2.8　检验完成

（1）工作结束后，工作负责人应检查试验记录有无漏试项目，核对装置的整定值是否与定值通知单相符，试验数据、试验结论是否完整正确。盖好所有装置及辅助设备的盖子，对必要的元件采取防尘措施。

（2）拆除在检验时使用的试验设备、仪表及一切连接线，清扫现场，所有被拆动的或临时接入的连接线应全部恢复正常，所有信号装置应全部复归。

（3）清除试验过程中微机装置及故障录波器内保存的故障报告、告警记录等所有报告。

（4）填写继电保护工作记录，将主要检验项目和传动步骤、整组试验结果及结论、定值通知单执行情况详细记载于内，对变动部分及设备缺陷、运行注意事项应加以说明，并修改运行人员所保存的有关图纸资料。向运行负责人交代检验结果，并写明该装置是否可以投入运行。办理工作票结束手续。

（5）运行人员在将装置投入前，必须根据信号灯指示或者用高内阻电压表以一端对地测端子电压的方法检查并证实被检验的继电保护及安全自动装置确实未给出跳闸或合闸脉冲，才允许将装置的连片接到投入的位置。

（6）检验人员应在规定期间内提出书面报告，主管部门技术负责人应详细审核，如发现不妥且足以危害保护安全运行时，应根据具体情况采取必要的措施。

7.3　典型缺陷处理分析

（1）一次系统未并列，直接将二次侧并列。

此情况多发生在倒闸操作前，没有合母联（分段）开关及其隔离刀闸，而直接将二次TV并列转换开关置在"并列"位置。可能出现的后果：由于两段母线一次电压的不平衡，加之电压互感器内阻极小，可能导致电压并列回路出现很大环流，熔断运行TV的二次保险或使空开跳闸，使得运行中的继电保护装置、电度计量表计等设备交流失压，甚至导致低压、距离或复合电压等基于电压量判据的保护误动；如果此时TV二次保险或空气开关没有断开，则可能导致TV本体设备的损坏。

（2）TV并列回路中没有重动环节，即TV电压并列回路中没有串接由TV隔离开关启动的重动继电器触点。

　　此情况多发生在一次系统已经并列，按照操作顺序，将 TV 并列转换开关置在"并列位置"，令二次侧正常并列，然后断开待检修 TV 的二次空气开关，取下二次保险，接着拉开其一次隔离刀闸，准备检修 TV 时。可能出现的后果：如果待检修 TV 的二次熔断器与空开没有可靠断开，则环流可能熔断另一组运行 TV 的二次保险或使空开跳闸，导致整条母线二次失压；此时若运行 TV 的二次保险或空开没有被冲断，则可能造成运行 TV 产生的二次电压经并列后的电压回路反送至待检修 TV，导致待检修 TV 本体损坏，甚至造成待检修 TV 带电，危及检修人员人身安全。

第8章 二 次 回 路

8.1 基 础 知 识

二次回路是变电站中非常重要的部分，二次设备是对电力系统及电力设备进行工况监测、运行方式控制、调节和保护的设备，将二次设备按照一定的规则连接起来以实现某种技术要求的电气回路称为二次回路，它是确保电力系统安全生产、经济运行、可靠供电的重要保障。

8.1.1 二次回路概述

二次回路通常包括用以对断路器及隔离开关等设备进行操作的控制回路，用以反映、采集一次系统电压、电流信号的交流电压回路、交流电流回路，用以反映一次、二次设备运行状态、异常及故障情况的信号回路，用以供二次设备工作的直流电源系统等。

（1）控制回路由控制开关和控制对象（断路器、隔离开关）的传递机构及执行（或操动）机构组成。其作用是对一次开关设备进行"分""合"闸操作。控制回路按自动化程度可分为手动控制和自动控制，按控制距离可分为就地控制和距离（远方）控制，按控制方式可分为分散控制和集中控制，按操作电源性质可分为直流控制和交流控制，按操作电源电压可分为强电控制和弱电控制。

（2）交流电压、交流电流回路由电压互感器（TV）、电流互感器（TA），以及保护、测量等设备的交流采样（线圈）等回路组成，TV、TA分别将一次系统的高电压、大电流按比例转换为低电压、小电流，供给二次设备。

（3）信号回路由信号发送机构、传送机构和信号器具构成，其作用是反映一次、二次设备的工作状态。信号回路按信息性质可分为事故信号、预告信号、指挥信号和位置信号，按信号的显示方式可分为灯光信号和音响信号，按复归方式可分为手动复归信号和自动复归信号。

（4）直流电源系统由电源设备和供电网络组成，其作用是供给上述各回路工作电源。变电站的操作电源多采用直流电源系统，简称直流系统。

8.1.2 控制回路

控制回路是断路器、隔离开关等设备的操作回路，是控制断路器（开关）分、合的二次回路，起着至关重要的作用。图8-1为110kV断路器典型控制二次回路图。

1. 断路器控制回路

断路器控制回路的基本要求：

（1）应有电源监视，并宜监视跳闸、合闸绕组回路的完整性。

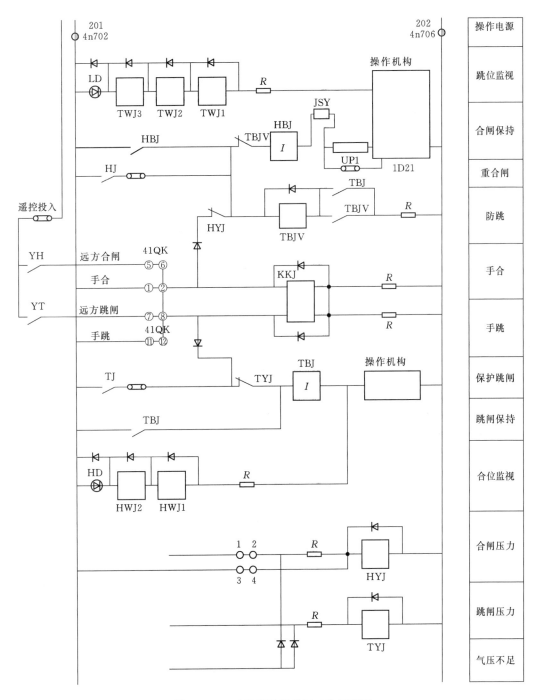

图 8-1　110kV 断路器控制二次回路图

（2）能进行手动跳闸、合闸，并在跳闸、合闸动作完成后，自动切断脉冲电流。

（3）能指示断路器的分闸、合闸位置状态，自动跳闸、合闸时应有明显信号。

（4）为防止分闸、合闸接点同时动作，有防止多次合闸的"跳跃"闭锁装置。

2. 防跳回路

为防止断路器跳、合闸接点同时动作，导致断路器反复动作，操作箱内一般均设计了防跳回路。图中，TBJV 为防跳继电器，保护跳闸时 TBJ 接点动作，此时如有合闸脉冲，则 TBJV 带电，一副接点自保持，一副接点断开合闸回路，避免合闸。

8.1.3 交流电压回路

电压互感器是继电保护、自动装置和测控装置（测量仪表）获取电气一次回路电压信息的传感器。电压互感器的配置，通常在每一独立工作的母线段或必要的出线回路中设一组电压互感器。

1. 电压互感器接线

110kV 变电站内 110kV 母线电压互感器一般采用电容式电压互感器，优点为没有谐振问题，图 8 - 2 为典型 110kV 母线电压互感器二次接线图。10kV 压变一般采用电磁式电压互感器，结构简单，产品成熟，为消除铁磁谐振的影响，10kV 母线压变与地之间增加一只零序压变。图 8 - 2 为典型 10kV 母线电压互感器二次接线图。

交流电压二次回路应能符合以下要求：

（1）对中性点非直接接地系统，需要检查和监视一次回路单相接地时，可采用三个单相式电压互感器，采用其三相剩余绕组串联获取零序电压，三相电压互感器剩余绕组额定电压为 100/3V。但目前常采用独立零序电压互感器获取零序电压，见图 8 - 3。额定电压为 $100/\sqrt{3}$V。中性点直接接地系统，电压互感器剩余绕组额定电压应为 100V。

（2）为了保证 TV 二次回路在末端发生短路时也能迅速将故障切除，采用了快速动作自动开关 ZK 替代保险，并有防止从二次回路向一次回路反馈电压的措施。

（3）全所二次回路应有且只能有一点可靠的保安接地，一般位于母设备屏上，至少采用 16mm^2 地线接地。

（4）采用了 TV 刀闸辅助接点 G 来切换电压。当 TV 停用时 G 打开，自动断开电压回路，防止 TV 停用时由二次侧向一次侧反馈电压造成人身和设备事故，N600 不经过 ZK 和 G 切换，是为了 N600 有永久接地点，防止 TV 运行时因为 ZK 或者 G 接触不良使 TV 二次侧失去接地点。

（5）1JB 是击穿保险，击穿保险实际上是一个放电间隙，正常时不放电，当加在其上的电压超过一定数值后，放电间隙被击穿而接地，起到保护接地的作用，同时，防止中性点接地不良，高电压侵入二次回路也有保护接地点。

（6）传统回路中，为了防止在三相断线时断线闭锁装置因为无电源拒绝动作，必须在其中一相上并联一个电容器 C，在三相断线时候电容器放电，供给断线装置一个不对称电源。

（7）线路电压的接法。

110kV 线路 TV 一般安装在线路的 A 相，10kV 线路 TV 一般安装在线路的两相间，采用 100V 二次绕组。

1）线路电压的 ZK 装在各自的端子箱。

2）线路电压采用反极性接法，$U_x = -100$V。

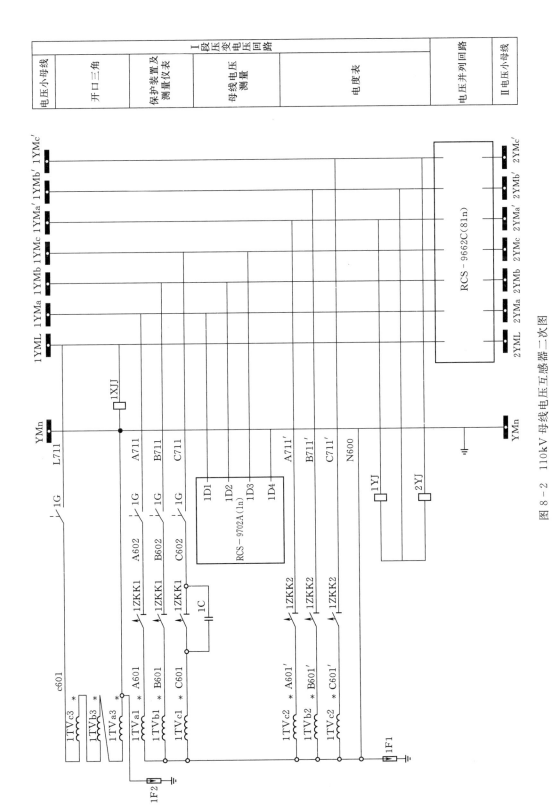

图 8 - 2　110kV 母线电压互感器二次图

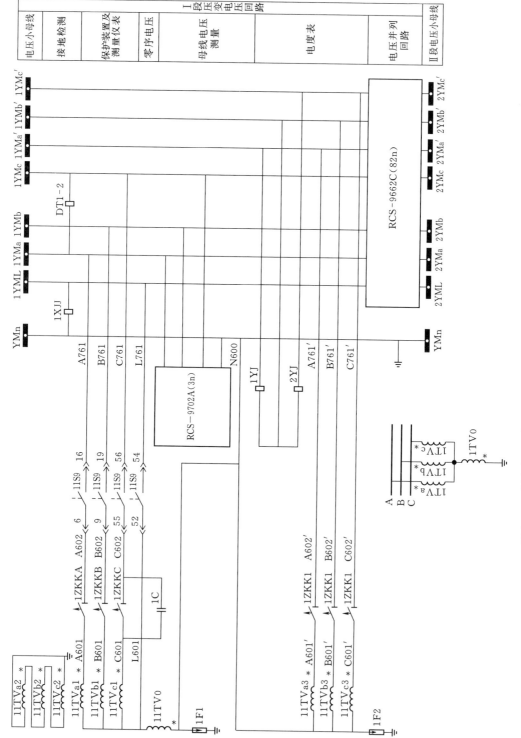

图 8 - 3 采用独立零序电压互感器的 10kV 母线电压互感器二次图

3）线路电压的尾端 N600 在保护屏的端子上通过短接线与小母线的下引线 YMn 端子相连。

2. 电压并列回路

主接线为双母线或单母分段接线时，为了保证保护装置及测量、计量等设备采集的二次电压与一次对应，必须设置二次电压的并列回路。一组电压互感器因故障检修或停运时，一次回路可以通过改变单母线运行来保证电压互感器停运母线的设备继续运行，这时需要将二次回路进行并列，以保证相应的变化、计量设备继续运行。

并列条件：一次并列运行时，方可二次并列运行。图 8-4 为常规并列回路原理图。

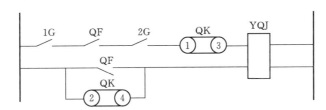

图 8-4　电压并列回路原理图

注：QF 为母联开关位置，1G、2G 为母联闸刀位置，YQJ 为双位置继电器

8.1.4　交流电流回路

电流互感器是继电保护、自动装置和测控装置（测量仪表）获取电气一次回路电流信息的传感器。正确地选择和配置电流互感器对继电保护、自动装置和测控装置（测量仪表），对于保障变电站的可靠运行十分重要。

1. 电流回路接线

110kV 变电站 110kV 进线独立电流互感器接线方式均为星形接线，图 8-5 为 110kV进线电流互感器二次绕组接线；10kV 线路一般采取两相不完全星形接线，见图 8-6，减少一只互感器可以节省工程造价；其他电流回路一般均采用三相星形接线。

2. 电流互感器二次回路的基本要求

（1）接线方式应满足继电保护自动装置的具体要求。

（2）为防止电流互感器一次、二次绕组之间绝缘损坏而被击穿时高电压侵入二次回路危及人身和二次设备安全，二次侧应有且只能有一个可靠的接地点，不允许有多个接地点。由几组电流互感器二次组合的电流回路，其接地点宜选在控制室。

（3）由于电流互感器二次回路开路时将产生危险的高电压，为此在二次接线上应采取如下措施：

1）电流互感器二次回路不允许装设熔断器。

2）电流互感器二次回路一般不进行切换，当必须切换时，应有可靠的防止开路措施。

3）对于已安装而尚不使用的电流互感器，必须将其二次绕组的端子短接并接地。

4）电流互感器二次回路的端子应使用试验端子。

5）为保证电流互感器能在要求的准确级下运行，其二次负载阻抗不应大于允许值。

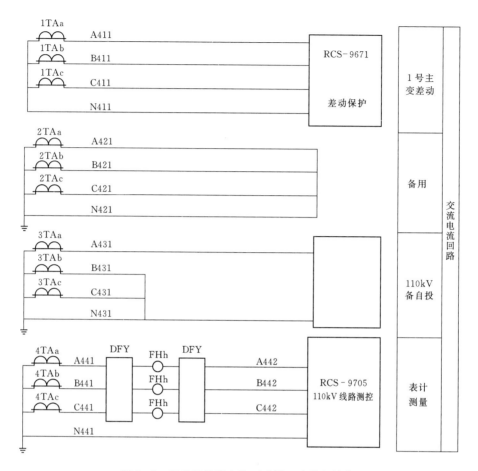

图 8-5　110kV 进线电流互感器二次绕组接线

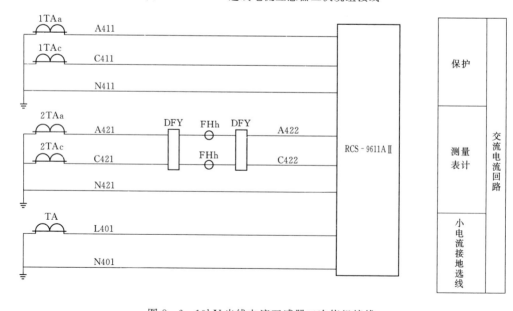

图 8-6　10kV 出线电流互感器二次绕组接线

8.1.5 信号回路

信号回路是信号装置发送信号的媒介，使信号装置能够把电气设备和电力系统运行状态提供给后台及远方监控中心，监控人员根据监视到的信号状态判断运行状态，使运行人员能够正确、快速操作和进行事故处理。因此，信号回路的作用也非常重要。

信号按性质一般分为：①事故信号；②预告信号；③位置信号；④继电保护及自动装置启动动作呼唤等信号。对信号发送装置要求有：①信号装置动作要准确，可靠；②信号装置对事件反映要及时；③能够重复动作，自动复归；④可以有选择的通过远动装置发送调控中心。

随着微机监控系统广泛应用，信号回路变得简单、便捷，采用分散式测控单元以开入量的方式发信号，图8-7为典型信号接线图。

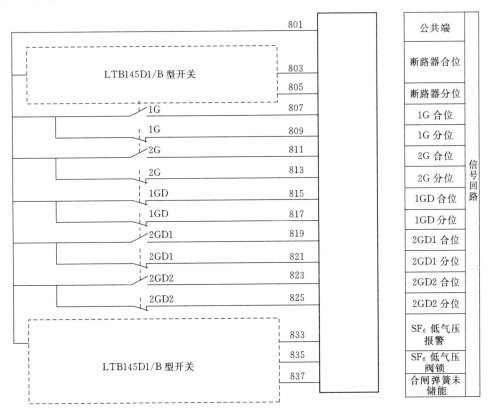

图8-7 信号接线图

原则上K01（801）表示正电源，K03～K99（803～899）为遥信。

8.1.6 直流回路

为控制系统、信号系统、继电保护、自动装置、UPS输入、事故照明以及某些执行机构供电的系统，由于特殊的重要性，北郊变采用直流系统供电。

1. 直流系统构成

北郊变的直流系统主要由直流电源、电源母线及直流馈线组成。直流电源包括蓄电池及其充电设备,图8-8为直流系统原理图。

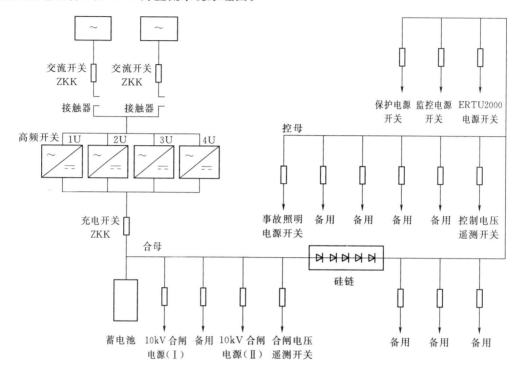

图8-8 直流系统原理图

(1)蓄电池。蓄电池的充放电工作原理不在赘述。正常运行时,蓄电池处于浮充状态,即充电装置的直流输出端始终并接着蓄电池和负载,以恒压充电方式工作。充电装置在承担经常性负荷的同时向蓄电池补充电能,使蓄电池组以满容量的状态处于备用,防止充电装置故障时短时间向负荷提供直流电源。

(2)充电设备。充电设备采用将三相交流进行整流、滤波及稳压的交流、直流变化,将交流电源变换成直流电源。

(3)直流母线及输出馈线。充电设备的输出接在直流母线上,汇集直流电源输出的电能,同时通过各直流馈线输送到各个直流回路及其他直流负载。

(4)直流监控装置。为测量、监视及调整直流系统运行状况及发出异常报警信号,对直流系统应设置监控装置。直流监控装置应包括测量表计、参数越限和回路异常报警系统。

2. 绝缘监察装置介绍

(1)直流接地危害。直流系统一点接地,容易导致 SF$_6$ 断路器偷跳;此外,当直流系统发生一点接地后,若在发生另外一处接地,则可能造成直流系统短路,致使直流电源中断供电,或造成断路器误跳或拒跳事故。

(2)直流绝缘检测装置。直流绝缘检测装置构成原来为电桥平衡原理。图8-9为绝缘监察原理图，电阻 R_1 和 R_2 阻值相等，与直流系统正负极对地绝缘电阻 R^+、R^- 组成直流电桥，当回路绝缘正常时，电桥平衡，继电器不动作；当直流回路某一极对地绝缘下降时，电桥失去平衡，不平衡电流流过信号继电器 Ks，当不平衡电流达到整定值时，信号继电器动作，发出"直流接地"信号。

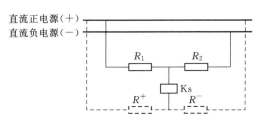

图 8-9　绝缘监察原理图

（3）直流接地查找。查找直流接地的具体方法是"拉路法"，是指：依次、分别、短时切断直流系统中各直流馈线来确定接地点所在馈线回路的方法。当断开某一馈线时，接地现象消失，则说明接地点在被拉馈线回路中，如接地未消失，判断接地不在该馈线回路上。

用"拉路法"查找接地时，应注意以下几点：

1）根据运行方式、天气状况及操作情况，先判断接地点可能范围。

2）拉路顺序原则是先信号及照明，后拉操作回路；先室外再室内。

3）断开每一馈线时间不超过 3s，不论接地是否在此馈线上，应尽快恢复。

4）被拉回路中接有继电保护装置时，先停运直流消失后容易误动的保护。

用"拉路法"找不出接地点所在馈线回路时，可能原因如下：

1）接地位置发生在充电设备回路中、蓄电池内部或直流母线上。

2）直流系统环路供电，拉路前没断开环路。

3）直流系统两点及以上地点接地。

4）各直流回路互相串电或有寄生回路。

8.2　二次回路检验、试验工作

8.2.1　工作前准备阶段

在对二次回路进行检验前，工作人员要对相关的检验规程、技术规程、反措要求等进行熟悉和掌握，熟悉相应的图纸、资料，以便能够在检验的过程中做到心中有数。

1. 二次回路检验相关规程的准备以及熟悉、掌握

在对二次回路进行检验之前，工作人员做好明确分工，首先要对相关的技术规程、检验规程、验收规范等要进行熟悉和掌握，包括《继电保护和安全自动装置技术规程》、《继电保护和电网安全自动装置检验规程》、继电保护反事故措施等关于二次回路有关规定的熟悉和掌握。

2. 相关图纸、资料的准备和熟悉

在检验前，熟悉与实际状况一致的图纸、清楚校验过程中需要完成的反措项目，为检查、试验项目的严格把关打下基础。

3. 作业指导书的编制、执行

在现场进行检验工作前，应认真了解被检验装置的一次设备情况及其相邻的一次、二次设备情况，与运行设备关联部分的详细情况，据此按照现场标准化作业指导书的执行规定，提前编制，明确作业危险点、检验方法、步骤，特别是检验设备与运行设备相关部分应具体详细，如提前无法确认端子号的位置，可到现场补充。

4. 仪器、仪表的准备

现场准备齐备处于检验合格期内的仪器、仪表，并应满足继电保护和安全自动装置基本试验方法的规定。

8.2.2 现场检验阶段

1. 工作许可

工作负责人协同工作许可人员遵照国家电网电力安全工作规程履行工作许可手续，工作负责人应查对运行人员所做的安全措施必须符合要求，在工作屏的正、背面由运行人员设置"在此工作"标示牌；如进行工作的屏仍有运行设备，则必须有明确标志，以与检修设备分开。

工作负责人应对工作班成员详细交代工作任务、安全注意事项、一次设备运行环境及注意事项等。

2. 实施继电保护工作安全措施

在进行继电保护二次回路试验前，应首先实施继电保护工作安全措施，通常将二次电压回路、二次电流、跳闸、合闸、闭锁备自投回路等与运行设备有关的连线断开。如8.5节所示为金华供电公司继电保护工作安全措施票格式。

执行继电保护安全措施应满足以下要求：

（1）拆前应先核对图纸，凡与运行设备二次回路相连的连接片和接线应有明显标记；如没有则应标上。

（2）按安全措施票仔细逐项地将有关回路断开或短接，并做好记录。

（3）二次回路校验工作结束后，按安全措施票逐项恢复所做安全措施，并做好记录。

（4）安全措施实施过程中严禁将运行中的电压二次回路短路或接地，防止 TV 二次回路失压造成自动装置误动作。

3. 外观接线检查

（1）检查二次回路外观和接线，二次回路确保无断线、短路现象。

（2）检查二次回路端子排螺丝无松动、生锈等接触不良现象。

（3）确保二次回路清洁，灰尘清扫。

4. 二次回路绝缘检查

在对二次回路进行绝缘检查前，必须确认被保护设备的断路器、电流互感器全部停电，交流电压回路已在电压切换把手或分线箱处与其他单元设备的回路断开，并与其他回路隔离完好后，才允许进行。

（1）将保护装置的 CPU 插件拔出机箱，拆除 MMI 面板与保护插件的连线，其余插件全部插入。

（2）将打印机与保护装置断开。

（3）合上保护逆变电源开关。

（4）保护屏上各压板置"投入"位置。

（5）试验线连接要紧固。分别对电流、电压、直流控制、信号回路，用 1kV 绝缘电阻表测量对地绝缘电阻，其阻值均应大于 $1M\Omega$。

（6）在保护屏端子排内侧分别短路交流电流、交流电压回路端子，直流电源回路端子，跳闸回路端子，开关量输入回路端子，远动接口回路端子及信号回路端子。

（7）保护屏内绝缘电阻测试。在进行本项检验时，需在保护屏端子排处将所有外引线全部断开，仅对保护屏内进行绝缘电阻测试。

（8）整个二次回路的绝缘电阻测量。在保护屏端子排处将所有电流、电压及直流回路的端子连接在一起，并将电流回路接地点都拆开，用摇表测量整个二次回路的绝缘电阻。

（9）每进行一项绝缘试验后，须将试验回路对地放电。

5. 电流、电压互感器及其二次回路的检验

（1）核对各保护所使用的电流互感器的安装位置是否合适，有无保护死区等。

（2）电流、电压互感器的变比、容量、准确级必须符合设计、定值要求。

（3）测试互感器各绕组间的极性关系，核对铭牌上的极性标志是否正确。检查互感器各次绕组的连接方式及其极性关系是否与设计符合，相别标识是否正确。

（4）有条件时，可自电流互感器的一次分相通入电流，检查工作抽头的变比及回路是否正确。

（5）为了校验电流互感器二次负载阻抗值是否满足电流互感器的额定容量要求，现场调试中应测试电流互感器二次负载阻抗，电流互感器二次负载阻抗不包括二次绕组内阻。电流互感器的二次负载阻抗的计算公式为

$$\text{电流互感器二次负载阻抗} = \frac{\text{电流互感器二次输出端电压}}{\text{电流互感器二次输出电流}}$$

二次回路阻抗测试原理接线按图 8-10 进行。

考虑到现场电流回路接线情况和测试的方便性，一般二次电流从保护屏加入，以电流互感器二次三相星形接线为例，测试时应采用单相法进行，以反应系统故障时 TA 二次承受的最大负载阻抗，测试可按图 8-10 进行，短接测试相的电流二次绕组（短接线可以串电流表进行，可监视短接回路的正确性和检查是否存在回路分流现象），断开测试相端子排的连接片，电压表应接 V_2 位置，接 V_1 位置时试验测试线上的压降被测试在内，造成测试阻抗不正确。测试时电流应加二次额定电流，同时应查看保护装置显示电流。依据测试结果计算二次回路阻抗，同时电流与电压的乘积应小于电流互感器的额定容量要求。

（6）检查电流互感器二次回路唯一可靠的一点接地，单独电流互感器的二次回路在电流互感器端子箱处接地，当有几组电流互感器的二次回路连接构成一套保护时，宜在保护屏上设一个公用的接地。

（7）检查电压互感器二次回路的接地点、中性线在主控室一点接地的要求。

（8）检查电压互感器二次回路中所有熔断器（自动开关）的装设地点、熔断（脱扣）电流是否合适（自动开关的脱扣电流需通过试验确定）、质量是否良好，能否保证选择性、

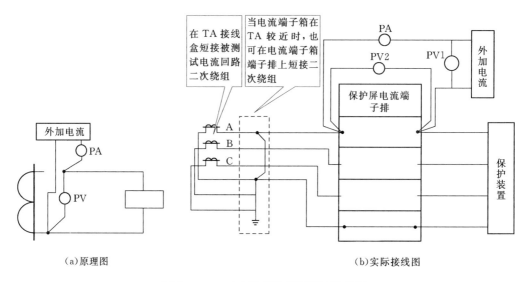

图 8-10　二次回路阻抗测试原理接线图

自动开关线圈阻抗值是否合适。

（9）检查串联在电压回路中的断路器、隔离开关及切换设备触点接触的可靠性。

（10）测量电压回路自互感器引出端子到配电屏电压母线的每相直流电阻，并计算电压互感器在额定容量下的压降，其值不应超过额定电压的3%。

6. 断路器、隔离开关、变压器有载调压开关控制回路的检验

控制回路的重点检验以下方面的内容：

（1）断路器跳闸及合闸线圈的电阻值及在额定电压下的跳、合闸电流。

（2）断路器跳闸电压及合闸电压，其值应满足相关规程的规定。

（3）控制回路传动前应制订方案，确保检查到位。传动前，应在断路器、隔离开关、变压器有载调压开关机构箱等处，进行就地操作传动试验。然后，在控制屏处用控制把手进行操作传动试验。如为综合自动化变电站应在保护屏或测控屏处进行把手传动试验，再在变电站后台机和集控中心用键盘和鼠标进行操作传动试验。在传动过程中应注意检查相关一次设备状态与执行命令的一致性，以及信号显示的正确性。

（4）模拟实际运行情况，操作传动试验的主要内容有以下方向：

1）手动分、合闸。断路器正常的手合、手跳操作，断路器合跳正常。

2）断路器、隔离开关的位置及变压器有载调压开关的挡位显示检查。断路器跳、合闸过程中检查断路器位置显示，拉合隔离开关检查隔离开关位置显示，升降变压器有载开关检查挡位显示。

3）防跳闭锁回路检查。断路器处于合闸位置，同时将断路器的操作把手固定在合闸位置（合闸脉冲长期存在），保护装置发三跳令，断路器三相可靠跳闸，不造成三相断路器合闸。

7. 信号回路的检验

信号回路的检验要求：

（1）信号装置的动作要准确、可靠。

（2）声光信号要便于运行人员注意。

（3）信号装置对事件的反应要及时。

8.2.3 检验完成阶段

（1）工作结束后，工作负责人应检查试验记录有无漏试项目，核对装置的整定值是否与定值通知单相符，试验数据、试验结论是否完整正确。盖好所有装置及辅助设备的盖子，对必要的元件采取防尘措施。

（2）拆除在检验时使用的试验设备、仪表及一切连接线，清扫现场，所有被拆动的或临时接入的连接线应全部恢复正常，所有信号装置应全部复归。

（3）清除试验过程中微机装置及故障录波器内保存的故障报告、告警记录等所有报告。

（4）填写继电保护工作记录，将主要检验项目和传动步骤、整组试验结果及结论、定值通知单执行情况详细记载于内，对变动部分及设备缺陷、运行注意事项应加以说明，并修改运行人员所保存的有关图纸资料。向运行负责人交代检验结果，并写明该装置是否可以投入运行。最后办理工作票结束手续。

（5）运行人员在将装置投入前，必须根据信号灯指示或者用高内阻电压表以一端对地测端子电压的方法检查并证实被检验的继电保护及安全自动装置确实未给出跳闸或合闸脉冲，才允许将装置的连片接到投入的位置。

（6）检验人员应在规定期间内提出书面报告，主管部门技术负责人应详细审核，如发现不妥且足以危害保护安全运行时，应根据具体情况采取必要的措施。

8.3 典型缺陷处理分析

8.3.1 某段母线二次电压异常

1. 适用范围

多台保护装置显示某段母线二次电压异常。

2. 缺陷现象

变电站内多台保护装置显示某段母线二次电压异常（电压断线、$3U_0$ 告警）、变电站监控后台显示某段母线二次电压异常、$3U_0$ 值高。

3. 安全注意事项

微机保护装置在电压异常能自动退出功能受到影响的保护，短时处理可以不操作，但复杂情况下需要退出功能受到影响的保护，但对于需要将电压作动作条件的安全自动装置则必须退出，防止误动。

4. 缺陷原因诊断及分析

某段母线电压异常的原因可能有电压互感器故障、压变端子箱配线异常、空气开关或熔丝故障、二次回路、电压中性线存在多点接地、电压小母线放电或二次配线绝缘破损，不接地系统中还有可能是由于谐振引起。

检查判断故障点：多台设备故障时首先测压变端子箱内电压互感器输出，若不正常，则可以判断电压互感器本体故障；测试压变端子箱内空气断路器上、下桩头电压，若上桩头不正常，则可以判断压变端子箱内配线异常；若上桩头正常下桩头不正常，则可以判断为电压空气断路器故障；测试压变端子箱内电压正常而母设屏电压输入不正常，则可以判断压变端子箱至母设屏的电缆不正常；测试母设屏内端子排电压，若输入正常而输出不正常，则可以判断母设电压切换回路异常或电压切换插件异常；若电压异常现象为间歇性发生（有波动），则判断电压小母线放电或二次配线绝缘破损引起的可能性较大；若系统正常时电压正常，系统发生故障时，电压无法反映正常的故障现象（可能引起方向元件误动），则判断可能为电压中性线存在多点接地。不接地系统空载时发生电压异常现象，还有可能是谐振引起的。

5. 缺陷处理

（1）电压互感器故障。根据故障现象首先判断可能存在某相母线电压互感器故障，导致该相电压偏低。查找故障时首先在母线压变端子箱内测量保护电压空气断路器、计量电压熔断器上桩头的电压是否正常。注意选择万用表"交流电压"挡位，不得用低阻挡测量。若空气断路器、熔断器上桩头该相电压不正常，则可以继续在端子排上查找该相电压互感器至压变端子箱的二次电缆接线上电压是否正常。检查中注意不得引起电压回路短路、接地。

处理方案：更换相应电压互感器。

（2）压变端子箱配线异常。若在母线压变端子箱检查中发现电压互感器二次电缆接线上电压正常，而空气开关和熔断器上桩头电压不正常，则可能在端子排上有锈蚀、短路或者二次配线压接不良等情况。

处理方案：需要进行更换端子排或者二次配线等处理。注意压变端子箱内端子排、配线更换时，需要先将电压互感器二次电缆从端子排断开，由于回路带电，需用绝缘胶带包扎并防止方向套脱落。更换完毕后恢复接线，再次检查空气开关、熔丝上电压正常即可。

（3）空气断路器或熔断器故障。在母线压变端子箱内测量保护电压空气断路器、计量电压熔丝上桩头的电压是否正常。若空气断路器、熔断器上桩头该相电压正常，则继续检查空气断路器、熔断器下桩头电压。若下桩头电压不正常，则可判断为空气断路器或熔断器故障导致电压不正常。

处理方案：需要更换空气断路器、熔断器。断开空气断路器、熔断器上桩头的配线，由于回路带电，需用绝缘胶带包扎并防止方向套脱落。更换完毕后恢复接线，再次检查空气断路器、熔断器下桩头电压正常即可。

（4）二次回路故障。检查母线压变端子箱内至继保室内母设屏的二次电缆电压。若电压不正常，而端子箱内一切正常，则需要到继保室内母设屏上检查输入电压是否存在异常。若某相电压输入不正常，可初步判断为二次电缆存在绝缘破损、断线、短路现象。

处理方案：首选方案是利用该电缆的备用芯更换，注意应先对该备用芯进行绝缘电阻的测量，确保电缆芯对地绝缘正常。若无备用芯，则需要立即更换二次电缆。更换完毕后，对二次电缆输入电压再次进行检查。

（5）电压中性线存在多点接地。根据 DL 400—91《继电保护和安全自动装置技术规程》要求："电压互感器的二次回路只允许有一处接地。接地点宜设置在控制室内，并应牢固焊接在接地小母线上。"应重点检查是否存在多点接地的情况。若没有严格执行上述反措，由于多点接地造成的地电位不平衡，就会导致母线电压不平衡。

处理方案：采用分段隔离法，分段检查排除。最终拆除控制室规定的一点接地点外的接地点。

（6）电压小母线放电。当故障现象中仅有某相保护或者计量电压不平衡时，则应直接检查用作保护或者计量的空气断路器、熔断器、电压小母线的回路。空气断路器、熔断器故障的处理按（3）处理。若母设装置输出电压不正常，而断开下级回路后又恢复正常，则可以判断为电压小母线上可能存在放电或者二次配线上存在绝缘破损的情况。

处理方案：重点检查小母线上由于飞虫、积灰等原因导致的短路、接地，并应防止引起人为短路。发现二次配线上存在绝缘破损时，应立即进行更换。特别要注意自屏顶小母线的配线更换时要先拆电源侧，再拆负荷侧；恢复时先恢复负荷侧，后拆电源侧。检查屏顶电压小母线时需要使用梯子，注意防止高处摔跌，必须正确佩戴安全帽。检查时应由专人监护，使用绝缘良好的工具。

（7）电压谐振。系统中非线性电力负荷不仅产生谐波，还会引起供电电压波动与闪变，甚至引起三相电压不平衡。谐振引起三相电压不平衡有两种：一种是基频谐振，特征类似于单相接地，即一相电压降低，另两相电压升高，查找故障原因时不易找到故障点，此时可检查特殊用户，若不是接地原因，可能就是谐振引起的；另一种是分频谐振或高频谐振，特征是三相电压同时升高。另外，还要注意，空投母线切除部分线路或单相接地故障消失时，如出现接地信号，且一相、两相或三相电压超过线电压，电压指示超限，并同时缓慢变化，或三相电压轮流升高超过线电压，遇到这种情况，一般均属谐振引起。

处理方案：通过改变系统接线方式，改变系统阻抗，避开谐振点。

8.3.2 控制回路断线告警

1. 适用范围

变电站内二次控制回路。

2. 缺陷现象

某线路间隔层设备报"控制回路断线"告警，监控后台"控制回路断线"光字牌常亮，开关红绿指示灯不亮。

3. 安全注意事项

"控制回路断线"告警信号，由线路间隔操作箱内 HWJ（合位继电器）常闭接点与TWJ（跳位继电器）常闭接点串联而成的一个位置信号，反映了开关在运行位置（合位）时，不能实现分闸功能，遇到线路故障时不能正确跳闸，扩大停电范围。

处理时安全要求：一般情况下需将开关改为冷备用状态，若能确认控制回路正常（仅为信号回路异常），则可以不改一次设备状态进行处理。

4. 缺陷原因诊断及分析

引起间隔层设备报"控制回路断线"的主要原因有操作箱插件坏、二次回路故障、开关机构箱内元器件损坏等（开关控制回路原理图参见图3-2）。

检查判断故障点：有控制回路断线硬接点信号采集时，测量其输入，以确定报警信号是否真实存在；若报警接点动作，测试保护屏（控制屏）内控制回路电压，分合闸回路电压正常，则可以判断操作箱插件故障；若保护屏（控制屏）内控制回路电压不正常，则继续在开关端子箱和机构箱内测量，机构箱内分合闸回路电压正常，可以判断是二次回路故障，否则可以判断为机构箱内元器件损坏，移交检修专业处理。

5. 常见故障

（1）操作箱插件损坏。控制回路简要原理图见图8-11，用万用表直流电压挡测量保护屏外侧端子跳闸回路（37）、合闸回路（7）对地电压，正常情况下，开关分位时合闸回路电压为变电站直流母线负极电压，开关合位时分闸回路为直流母线负极电压。再检查控制回路断线输出信号节点动作情况。

若控制回路正常、信号回路异常，则判断操作箱插件板故障，着重检查 HWJ、TWJ 插件板，核对图时分别检查线圈阻值、接点通断，判断故障点。如发现损坏可以更换单个继电器或整板。如更换单个继电器，应注意焊接牢固、接触可靠。注意：插拔插件板应先断开装置电源。

处理方案：更换操作箱插件单个继电器或整板。

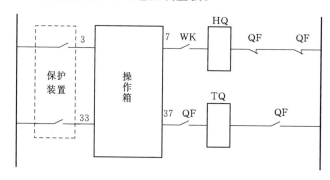

图 8-11 控制回路简要原理图

（2）二次回路故障。检查操作屏至断路器机构箱内控制回路电压，若操作屏内电压正常、机构箱内电压不正常，则判断二次回路异常，考虑到操作屏至断路器机构箱电缆距离较长，应重点检查电缆绝缘，如不合格应更换。更换二次电缆前需将断路器改冷备用，更换完毕需对全部相关回路进行传动试验。

处理方案：更换绝缘不良电缆。

（3）开关机构箱内元器件损坏。检查操作屏至断路器机构箱内控制回路电压，若操作屏内和断路器机构箱内电压都正常，则判断开关机构元器件损坏，可能存在以下问题：

1）断路器分、合闸线圈烧坏、断线。

2）断路器辅助接点接触不良。

3）断路器本体异常闭锁分、合闸。

4）远方、就地切换开关故障。

处理方案：更换相应元器件。

8.3.3 变电站直流电压异常（直流接地）

1. 适用范围

变电站内直流二次回路。

2. 缺陷现象

直流接地选线装置报警并显示某路的接地电阻，监控系统报直流绝缘异常信号。

3. 安全注意事项

直流接地一般采用拉路查找的方法，但拉路法虽简便直接，但存在一定的安全风险。随着便携式直流接地检测仪的推广，现在一般以便携式直流接地检测仪查找为主（便携式检测仪使用方法见图 8-12），辅之以拉路的方法，提高了查找效率，降低了安全风险。

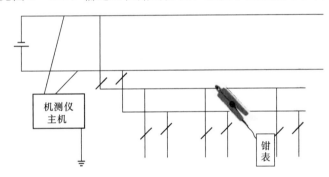

图 8-12　便携式检测仪使用方法

需要注意以下几点：

（1）发生直流接地时，禁止在二次回路上工作。

（2）处理时不得造成直流短路或两点接地，特别注意使用万用表时应选择合适的挡位，防止误切在电阻挡，导致两点接地。

（3）拉路查找前应采取必要的措施，防止拉合直流电源过程中电压切换箱失电导致电压回路断线，从而引起电容器欠压保护动作、自动装置动作和线路保护失去方向性而误动。

4. 缺陷原因诊断及分析

直流接地一般由以下情况引起：

（1）绝缘老化、破损。如电缆、绝缘座、端子排。

（2）机械振动。电缆距金属较近，机械振动磨损电缆绝缘。

（3）积灰、潮湿。如接线端子、屏顶小母线、插件板积灰，在空气湿度较大的情况下，导致绝缘下降。

（4）锈蚀。隔离开关辅助接点受潮、腐蚀。

（5）渗水。如端子箱、隔离开关机构、主变附件、各种表计密封不好。

（6）裸露。如备用电缆芯没有包好。

检查判断故障点的方法如下：

（1）一般先根据直流接地选线装置的选线情况判断是哪条支路出现接地，这时可用便携式直流接地检测仪的钳表沿该支路的小母线检测接地电流（见图8-12），当检查到接地电流消失时，则判断前面小母线下的分路存在接地。这时可用钳表测各直流专用空气开关的上桩头，若有接地电流，则查该专用直流回路，进一步的检查可测出哪一根接线有接地情况。但当接地回路存在环路时，接地选线装置会报两条以上支路接地，这时必须查清环路再检查。

（2）拉路查找时应根据先信号后保护、控制回路的原则进行，同时结合天气情况判断可能的位置，雨天时先室外、后室内。在拉开装置的直流电源时，切断的时间不得超过3s，不论接地是否消失均应合上。当发现某一专用直流回路有接地时，及时找出接地点，尽快消除。

5. 常见故障

（1）户外直流回路绝缘能力降低。户外主变非电量开入、断路器、隔离开关机构箱内直流回路绝缘能力降低极易造成直流接地，此类直流接地的比率在雨天时最高。户外运行环境恶劣，若遇防雨、防潮措施不到位便会引起绝缘能力降低。主变非电量回路、断路器、隔离开关信号、电压切换及控制回路、母差保护隔离开关位置开入等回路均需将直流回路接至一次设备本体处。

当使用检测仪确定某专用直流空开下的直流回路有接地时，可在测控屏或保护屏上用钳表测各分路公共正电源电缆芯的接地电流，确定接地点。当确定接地点在电压切换回路或母差保护的隔离开关开入回路上，注意处理时须防止引起开入异常。

处理方案：若是渗水或受潮引起时，处理时可用电吹风吹干，并找到渗水点封堵好，同时应检查加热器回路是否投入、完好。

（2）备用芯引起的直流接地。变电站建设、验收过程不仔细，造成同根电缆两侧芯线接线不一致时，一侧芯线接入直流带电端子，另一侧芯线作为备用芯，当备用芯接触设备外壳时即造成直流接地。

处理方案：找出带电芯线确定其功用，若该芯线为备用芯将拆开隔离。

（3）屏顶裸露小母线直流接地。屏顶直流小母线由于长期裸露运行，带电范围广，从而容易造成直流接地。

处理方案：定期清除灰尘。

（4）直流系统本身引起的直流接地。若站内同时报多路直流绝缘能力降低。但对各出线支路无论用拉路或检测仪均未能检出接地。此种情况一般判断为直流系统引起，需直流专业人员配合处理。可能的原因有：①直流检测仪内部原因，如平衡电桥坏等；②蓄电池渗液及附件接地、蓄电池室至直流屏电缆接地；③直流充电模块积灰使绝缘下降；④直流屏内部接线有接地。对于情况①，可用检测仪代替屏上的接地检测装置。注意先接入便携式直流接地检测仪，后拆开屏上的接地检测装置接线，防止平衡电桥的失去。若拆开接线后直流接地消失，可判断为屏上的接地检测装置故障。对情况②，可用便携式直流接地检测仪，用钳表测得指向蓄电池侧电缆有接地，说明接地点在蓄电池或其电缆上，进一步检测可区分是电缆还是蓄电池及附件。对于其他情况，应仔细检查相关部件，以确定故障部位。如必须停用直流电源处理，须确保整流模块正常方可断开蓄电池供电回路。

处理方案：更换直流系统相应部件。

8.4 实际案例分析

8.4.1 某段母线电压异常

1. 案例一：中性线 N600 虚接

某日某 220kV 变电站多条 220kV 线路保护装置同时告警，报文为"母线 TV 断线"。当天该站正在进行某跳 220kV 保护装置改造，工作人员正在进行屏顶小母线拆除。异常发生后工作人员立即停止改造工作，处理上述异常。工作人员测量了母线电压对地电压，母线电压对地幅值正常，之后在发生"母线 TV 断线"任一线路保护装置处测量各相母线电压，测得各相母线电压对端子排 N600 电压不正常，随后确认端子排 N600 有 6.2V 电压，N600 未接地。经测量各异常保护端子排 N600 均有不同大小的电压。检查得，工作人员在保护改造拆除屏顶小母线时误拆了运行间隔的 N600 回路，导致其余运行间隔 N600 不接地，母线电压异常报警。

处理方法：及时恢复误拆的 N600，各运行保护"母线 TV 断线"告警信号消除。

2. 案例二：母线压变二次绕组极性接反

某日某 110kV 变电站多条 10kV Ⅱ 段母线二次电压异常，10kV Ⅱ 段母线测控装置及各出线保护装置母线电压均采样异常，$U_a = 114.2V$、$U_b = 58.3V$、$U_c = 57.9V$、$U_L = 57.8V$。检修人员接到缺陷汇报了解情况，分析由于 10kV Ⅱ 段母线上各保护测控装置母线电压均异常，判断为母线电压公共回路异常。查看 10kV Ⅱ 段母线电压互感器接线图纸，10kV Ⅱ 段母线电压互感器为防止系统谐振采用 4 只压变接线方式，A、B、C 三相压变和零序压变。电压互感器二次接线见图 8-13。

三相母线保护电压为正序电压和零序电压叠加获得，零序电压从零序压变二次绕组直接获得，母线电压异常时，$U_L = 57.8V$，初步判断一次系统发生单相接地，此时零序电压 57.8V 正确，单相接地时，接地相正序、零序电压均为 57.7V，方向相反，两者叠加后得 0，其余两相变为线电压，图 8-14 为正确接线时二次电压相量图。由于异常接线造成 $U_a = 114.2V$、$U_b = 58.3V$、$U_c = 57.9V$，初步判断零序电压二次绕组极性接反，根据相量图判断，恰好得出上述母线电压异常数据，图 8-15 为错误接线时的二次电压相量图。经过上述推断，工作人员认真核对了零序压变一次、二次绕组极性，与之前判断一致，二次绕组接反。

处理方法：将零序压变二次绕组接线改正后电压恢复正常。

8.4.2 变电站直流电压异常（直流接地）

1. 案例一：主变本体电缆引起直流接地

某站报直流接地。检查发现 2 号主变非电量保护压力释放开入负端对地绝缘能力降低。因主变一般安装在室外，相关表计、油流继电器、油位表、压力阀等附件因二次接线处封闭不好渗水造成直流接地的情况比较常见。最常见的是压力释放回路电缆芯接地，由于一些

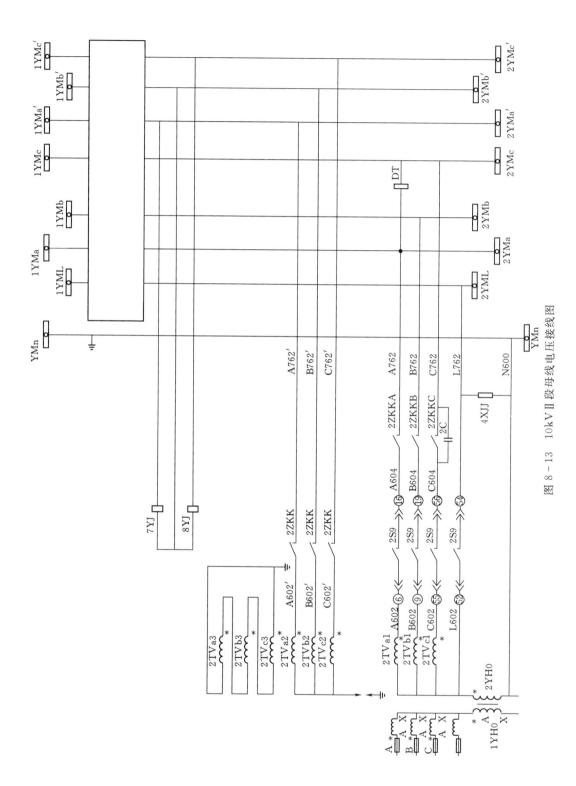

图 8 - 13　10kV II 段母线电压接线图

主变压力释放阀引出触点无接线端子，直接引出两根线（为焊接），部分变电站施工时，采用将外部电缆芯与引出线焊接后再用绝缘带包好的方式，长时间运行后绝缘带破损，雨淋后引起直流接地（还可能引起压力释放误报警）。其规范做法是拆除引出线，直接将外部电缆芯焊接至压力释放阀的辅助接点上。

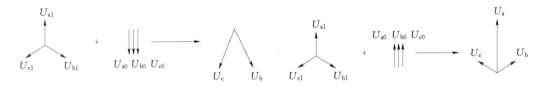

图 8-14　正确接线相量图　　　　　　　　图 8-15　错误接线相量图

处理方法：临时拆除压力释放电缆芯，待停主变处理。同时，主变检修时应检查压力释放电缆的接法，必须采用规范接法，并检查本体上二次电缆接入时的密封情况。

2. 案例二：控制电缆绝缘下降引起的直流接地

某站报直流绝缘异常。用检测仪检测某 110kV 线路保护控制回路绝缘有下降。进一步用钳表检查发现至开关端子箱的控制电缆芯绝缘不良，其中涉及电压切换的电缆绝缘不良。

处理方法：将涉及电压切换的电缆芯临时更换为备用芯，直流绝缘恢复，处理时防止引起切换回路异常。因电缆芯绝缘下降，很可能整根电缆有破损，须进行整根电缆的更换。

3. 案例三：备用芯引起的直流接地。

某站报直流接地。检查发现 110kV 母差保护屏有直流接地，进一步检查发现开入与保护电源没有分开。此类故障处理若用拉路的方法虽能确定该屏二次回路接地，但涉及众多隔离开关开入，确认接地点需要较长时间。使用检测仪依次检测各开入回路，钳表显示 1 号主变 110kV 副母隔离开关开入正电源电缆芯有接地电流。检查开关端子箱，发现 110kV 母差保护的开入节点接线正常，四芯电缆用了二芯。检查副母隔离开关机构箱，未发现漏水、生锈情况，但发现 110kV 母差保护的开入位置电缆接了三芯，另一芯为隔离开关常闭位置，用钳表测有该芯接地电流。再次检查开关端子箱内接线情况，发现在隔离开关机构箱中接入常闭位置的电缆芯在开关端子箱中碰在铁壳上。

处理方法：拆除隔离开关机构箱中接入常闭位置的电缆芯（实为备用芯），直流绝缘恢复。

4. 案例四：屏顶小母线积灰引起的绝缘下降

某站报直流绝缘下降。虽确认直流屏某支路有接地，但该支路下有 10 多个分路直流空开，用检测仪检测 10 多个空开直流电源，均不能检出接地。用钳表开始测屏顶小母线的接地电流，发现始端接地电阻较小，隔一个屏检测小母线，电阻逐步增大，末端无接地。同时，发现小母线上积灰严重，判断小母线积灰使绝缘下降。

处理方法：清扫直流小母线，直流恢复正常。清扫时选择合格的工器具，工作中加强监护，防止误碰。

5. 案例五：直流串电引起的直流接地

某站直流系统双重化改造完毕后，当断开直流母线分段开关时，直流检测装置报Ⅰ段母线正极接地，Ⅱ段母线负极接地，并报3条馈线接地，而合上分段开关时直流接地现象消失。因直流检测装置报多路正接地，接地点属环路供电，直流接地检测仪使用时无法检出环路供电时的接地故障。此时采用拉路查找方法失效，需使用便携式直流接地检测仪来检测，尽量避免拉路停电。

处理方法：首先应查清回路，并保证接地点单路馈线供电。用检测仪从直流屏（一）馈线（220kV线路主变测控、控制电源）电缆开始检测，有正向接地报警，沿屏顶小母线，当检测至1号主变保护屏（三）时发现进入1号主变220kV操作箱的引线处仍有正向接地报警，初步判定接地点在1号主变220kV开关操作箱及相关接线中，接地电阻40kΩ左右。进一步用检测仪检查，发现编号163（1号主变220kV开关正母侧隔离开关辅助常开接点）有接地，方向指向装置内部，说明外部回路无接地。进一步检查直流馈电屏（二）的"1号主变保护屏（三）"馈线，检查到1号主变220kV开关操作箱处有负接地，并发现202负接地，接地电阻40kΩ左右。正负接地都指向1号主变220kV开关操作箱，很明显是两套直流系统在1号主变220kV操作箱相关回路中存在寄生回路，并且发现操作箱面板上220kV电压切换Ⅰ母指示灯灭（因电压切换继电器为双位置继电器，1号主变保护220kV侧二次电压并未失去，因此无告警信号）。再仔细检查接线就发现220kV电压切换回路接线有问题，误将Ⅰ段母线电压切换继电器YQJ线圈的负端接至Ⅱ段母线的负电源202，这样Ⅰ段母线直流正电源101通过电压切换回路与Ⅱ段母线直流负电源202串接（现场错误接线见图8-16），导致报Ⅰ段母线正极接地、Ⅱ段母线负极接地。改正接线后，正接地、负接地告警同时消除。

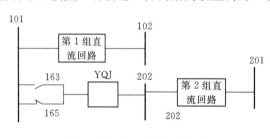

图8-16 现场错误接线图

第9章　变电站自动化系统校验

9.1　变电站自动化系统功能及原理

本部分主要介绍了变电站自动化系统的基本概念、结构及主要功能，变电站自动化系统数据通信类型及特点。要求了解变电站自动化系统常用通信规约类型和特点，熟悉变电自动化系统网络结构及原理。

9.1.1　变电站自动化系统的基本概念、结构及主要功能

9.1.1.1　基本概念

变电站自动化系统是指利用微机技术重新组合与优化设计变电站二次设备的功能，以实现对变电站的自动监视、控制、测量与协调的一种综合性自动化系统。其中，变电站二次设备主要包括控制、测量、信号、保护、远动装置和自动装置。因此，变电站自动化是自动化技术、通信技术和计算机技术等技术在变电站领域的综合应用。变电站自动化可以收集到较为齐全的数据和信息，具有计算机高速计算能力和判断功能，能够方便地监视和控制变电站内各种设备的运行及操作，实现运行管理的智能化。

变电站自动化系统是以计算机技术为核心，将变电站的保护、仪表、中央信号、远动装置等二次设备管理的系统和功能重新分解、组合、互联、计算机化而形成，通过各设备间相互信息交换、数据共享，完成对变电站的运行监视和控制。

9.1.1.2　基本结构

变电站自动化系统的基本结构可分为集中式和分层分布式。其中分层分布式系统已成为变电站自动化技术发展的主流。

1. 集中式自动化监控系统的结构与特点

以变电站为对象，面向功能设计的自动化监控系统，称之为集中式自动化监控系统即各系统功能都以整个变电站为一个对象相对集中设计，而不是以变电站内部的电气元件或间隔为对象独立配置的方式。集中式计算机监控系统的基本架构见图9-1。集中式结构并非指由一台计算机完成保护、监控等全部功能。多数集中式结构的微机保护、计算机监控和远动通信的功能由不同的计算机来完成，例如，数据采集、数据处理、远动、开关操作和人机联系功能可分别由不同计算机完成。该结构形式主要出现在变电站计算机监控系统问世初期。

主要优点：功能单元间相互独立，互不影响；具有较为完善的人机接口功能，综合性能强；结构紧凑，体积小，可大大减少占地面积；造价低，尤其对110kV或规模较小的变电站更为合适。

主要缺点：运行可靠性较差，每台计算机的功能较集中，如果一台计算机出故障，影

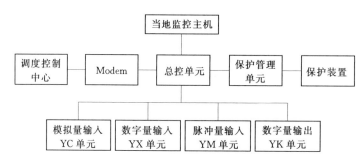

图 9-1　集中式变电站自动化系统基本构架

响面较大，因此必须采用双机并联运行的结构才能提高可靠性；软件复杂，修改工作量大，系统调试麻烦；组态不灵活，对不同主接线或不同规模的变电站，软硬件都必须另行设计，可移植性差，不利于批量推广。

2. 分布式自动化监控系统的结构与特点

分层分布式计算机监控系统是以变电站内的电气元件和间隔（变压器、电抗器、电容器等）为对象开发、生产、应用的计算机监控系统。

分层分布式变电站控制系统可分为三层结构，即站控层、间隔层和过程层，每层由不同的设备或子系统组成，完成相应的功能。通常，变电站计算机监控系统由站控层和间隔层两个基本部分组成。其基本构架见图 9-2。其中，站控层包括主机、操作员工作站、远动工作站、工程师工作站、GPS 对时装置及站控层网络设备等设备，形成全站监控、管理中心，能提供站内运行人机界面，实现间隔层设备的管理控制等功能，并可通过远动工作站和数据网与调度通信中心通信。

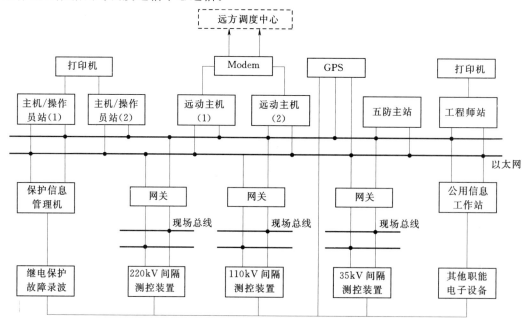

图 9-2　分布式变电站自动化系统基本构架

134

主要特点：结构分层分布；面向对象设计；功能独立；多 CPU，可靠性高；继电保护相对独立。

9.1.1.3 主要功能

变电站自动化监控系统的主要功能分为：数据采集与处理功能，控制功能，报警及处理功能，事件顺序记录及事故记忆功能，远动功能，时钟同步功能，人机联系与运行管理功能，与其他设备的接口功能等。

9.1.2 变电站自动化系统数据通信类型及特点

9.1.2.1 变电站自动化系统常用通信技术

变电站自动化监控系统的通信时随着变电站本身的发展和通信技术的发展而发展的，它主要经历了串口通信、现场总线和局域网三个阶段。

串口数据通信是指数据终端设备 DTE 和数据电路端接设备 DCE 之间的通信。在 DTE 和 DCE 之间传输信息时必须有协调的接口，其中变电站常用的有 EIA－RS－232C、RS－422 和 RS－485。

现场总线是连接智能现场设备和自动化系统的数字式、双向传播、多分支结构的通信网络。现场总线将构成自动化系统的各种传感器、执行器及控制器通过现场控制网络联系起来，通过网络上的信息传输完成各设备的协调，实现自动化控制。

局域网 LAN 是一种小区域内使各种数据通信设备互联在一起的通信网络，互联和通信是其核心，而网络的拓扑结构、传输介质、传输控制和通信方式是其四大要素。

9.1.2.2 变电站自动化系统常用通信规约

为了保证变电站内部以及变电站与控制中心之间能够正确、有效地传输信息，在信息发送端和信息接收端之间必须有一套关于信息传输的顺序、信息格式和信息内容等的约定，这种约定通常称为通信规约。

目前我国电力系统远动通信采用两种类型的通信规约：一类是循环式数据传送规约，简称 CDT 规约；另一类是问答式（Polling）数据传送规约，简称 Polling 规约。

1. CDT 规约特点

CDT 适用于点对点信道结构的两点之间的通信，信息传送采用循环同步的方式，数据采用帧结构方式组织。CDT 规约以发送端为主动传送数据，发送端周而复始地按规约向接收端发送各种遥测、遥信、数据事件记录。CDT 传送信息时，发送端和接收端之间连续不断的发送和接收，始终占用通道。采用 CDT 规约，信息发送方式不考虑信息接收方接收是否成功，仅按照确定的顺序组织发送，通信控制简单。

CDT 规约的功能、帧结构、信息字结构和传输规则，适用于点对点的通道结构及以循环字节同步方式传送远动设备与系统，还适用于调度所间以循环式远动规约转发实时信息的系统。

规约规定主站与子站间进行以下信息的传送：

（1）遥信。

（2）遥测。

（3）事件顺序记录。

（4）电能脉冲计数值。

（5）遥控命令。

（6）设定命令。

（7）升降命令。

（8）对时。

（9）广播命令。

（10）复归命令。

（11）子站工作状态。

2. Polling 规约特点

Polling 规约是一个以控制中心为主动方的远动数据传输规约。厂站自动化系统只有在控制中心询问以后，才向发送方回答信息。控制中心按照一定规则向各个厂站自动化系统发出各种询问报文，厂站自动化系统按询问报文的要求以及厂站自动化系统的实际状态，向控制中心回答各种报文。控制中心也可按需要对厂站自动化系统发出各种控制报文，厂站自动化系统正确接收控制报文后，按要求输出控制信号，并向控制中心回答相应报文。

对于点对点和多个点对点的网络拓扑，厂站端产生事件时，厂站自动化系统可触发启动传输，主动向调度等控制中心报告事件信息。

Polling 规约适用于网络拓扑是点对点、多个点对点、多点共线、多点环形或多点星型的远动系统，以及控制中心与一个或多个厂站端进行通信。通道可以是全双工或半双工，信息传输为异步方式。

Polling 规约只在需要传送信息时才使用通道，因而允许多个厂站自动化系统分时共享通道资源。

采用 Polling 规约的远动信息传输以控制中心为主动方，包括变位遥信等在内的重要远动信息，厂站端只有接收到询问命令后才向控制中心报告。仅点对点或多个点对点的通道结构允许厂站事件启动信息传输，及时向控制中心报告重要信息。

采用 Polling 规约的信息传输，仅当需要时才传送，采用了防止报文丢失和重传技术，信息发送方考虑到接收方的接收成功与否，采用了防止信息丢失以及等待-超时-重发等技术，通信控制比较复杂。

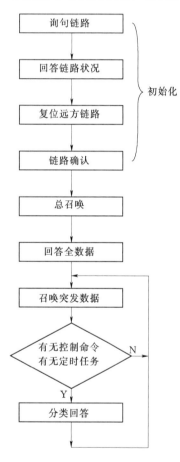

图 9-3 Polling 规约工作流程

Polling 规约工作流程见图 9-3，图中，突发数据是指遥信状态变位信息、遥测越死区值数据，突发数据定义为一级数据，立即传输。总召唤是指初始化或者通信中断超过规定的时间后，主站发总召唤命令，召唤厂站全数据，定义为一级数据。控制命令有断路器、隔离开关遥控操作命令及 AGC 控制调节命令等。

9.2 变电站自动化系统校验的安全和技术措施

本部分主要介绍了变电站自动化系统校验前联调申请、参数备份等准备工作，变电所自动化系统信息采集规范及变电站自动化联调和验收项目（因各地区所执行的标准各不相同，本书以浙江电网相关管理规定为例），变电站自动化系统校验时通用安全技术措施等内容。要求掌握变电站自动化系统校验的安全和技术措施，掌握变电站自动化系统状态检修导则。

9.2.1 变电站自动化系统校验前准备工作

9.2.1.1 联调申请

（1）检修工作根据月度检修计划需向调控中心提交申请。计划检修应提前 5 个工作日提出申请，其中节日检修应在节前 7 个工作日提出申请。

（2）自动化系统设备的检修申请应执行自动化设备检修申请管理流程。

（3）影响遥控、遥调等功能或影响对一次设备监控的申请须经调度控制组会签。

（4）自动化设备的检修申请批复权限参照"地区电网自动化系统设备检修工作申请批复权限表"。

（5）自动化设备检修申请应写明检修设备名称、检修性质、工作内容、停复役时间、设备状态及其他相关要求。自动化设备检修申请原则上按单个设备上报。

（6）检修申请应在检修前 2 个工作日批复，节日计划检修，应在检修前 3 个工作日批复。

（7）自动化系统设备检修工作的延期，至少提前 1h 提出申请，经原批复单位自动化当值值班员批复后方可延期。检修延期只允许一次。

（8）已批准的检修工作，检修单位不得无故取消。因特殊原因需更改检修时间，应提前 6h 提出申请，经原批复单位自动化当值值班员批复后方可更改时间。

9.2.1.2 参数备份

数据备份的目的是为了防止由于操作失误或设备故障等意外原因而导致的数据破坏、丢失，而将全部关键数据复制到其他存储设备，以确保被破坏的数据能够快速、有效地恢复。

变电站自动化系统校验工作前，必须对远动参数和后台数据进行完整的备份。

9.2.2 电网变电所自动化系统信息采集相关规范（浙江）

9.2.2.1 信息采集

1. 信息采集要求

（1）遥信信息采集一般分为"硬接点信号"与"软信号"方式。一次、二次设备信息采集应优先采用"硬接点信号"方式。远动上送的综合类信息（如：事故总信号）可以是通过信号合并、运算产生的逻辑信号。

（2）反映一次系统设备（如断路器、隔离开关、接地闸刀、小车）位置状态的信息，应采集有联动功能的双接点位置信号，双接点位置信号由一副常开和常闭接点组成。不具备提供双位置接点的一次设备也可采集单接点位置信息，单接点位置状态信号应为常开接点。

（3）遥测采集相关的电压、电流互感器二次输出端应满足 0.2s 级的精度要求。

（4）线路、主变等一次设备有功和无功的参考方向以母线为参照对象，送出母线为正值，Ⅰ段母线送Ⅱ段母线为正值，Ⅱ段母线送Ⅲ段母线为正值，正母送入副母为正值，反之为负。发电机、电容器、电抗器的有功和无功的参考方向以该一次设备为参照对象，送出该一次设备为正值，反之为负。

（5）继电保护及安全自动装置的软报文类信息宜通过主站端二次设备信息采集服务器与厂站段的保护子站（保护远方信号传输与控制装置）进行采集，规约宜采用《继电保护设备信息接 D 配套标准》（IEC 60870 - 5 - 103）。

（6）变电站一次、二次设备信息应直采直送相关调度自动化系统。调度自动化系统与各变电站之间应有两个相互独立的通信通道，并应优先采用电力调度数据网进行信息传输，作为过渡也可采用专线通道。

（7）不同厂家、不同型号的一次、二次设备或装置的各类信号，采集原则保持一致，信号名称保持统一规范，并按统一格式建立信息表。同一地区不同自动化主站（含县局）信息表内容宜一致，以满足系统备用的要求。

（8）遥测信息的单位规范。

1）线路电压、母线电压，单位为 kV。

2）中性点电压 $3U_0$、消弧线圈位移电压、直流系统电压、所内系统电压，单位为 V。

3）有功功率，单位为 MW。

4）无功功率，单位为 Mvar。

5）电流，单位为 A。

6）视在功率，单位为 MVA。

7）频率，单位为 Hz。

8）温度，单位为℃。

（9）遥信信息属性规范。

1）断路器、隔离开关、接地闸刀位置信号描述为："合"（1）/"分"（0）。

2）小车信号描述为："工作位置"（1）/"试验（检修）位置"（0）。

3）保护动作信号表述为："动作"（1）/"复归"（0）。

4）保护压板状态信号描述为："投入"（1）/"退出"（0）。

5）测控远方就地把手位置信号描述为："就地"（1）/"远方"（0）。

6）一般告警信号描述为："告警"（1）/"复归"（0）。

（10）控制行为属性规范。

1）断路器：合/分，同期合/分。

2）隔离开关（小车）、接地闸刀：合/分。

3）分接头挡位：升挡/降挡、急停。

4）保护：投入/退出，定值区切换，信号复归。

5）自动装置：投入/退出，定值区切换，信号复归。

6）VQC：投入/退出。

7）母线 TV 并列，母联非自动等。

8）顺序控制命令。

（11）通信状态行为属性规范：通信中断/正常。

2. 信息表的要求

（1）信息表格式、字段和内容应统一规范，满足电网运行监控和生产管理的实际需要，信息表应包含：变电站概况、遥信表、遥测表、遥控表、通信参数配置表等。

（2）变电站概况包含：主站名称、变电站名称、变电站监控系统型号、生产厂家等。

（3）遥测表包含：信息序号、信息描述、TA 变比、TV 变比、满度值等。

（4）遥信表包含：信息序号、信息描述、信息分类、SOE 设置等。

（5）遥控表包含：信息序号、信息描述、遥控关联的遥信序号等。

（6）通信参数配置表：通信规约及参数波特率、中心频率、RTU 站点号、104 通信主站前置机 IP 地址、变电站 IP 地址、端口号等。

（7）信息排序要求：按电压等级从高电压等级间隔到低电压等级间隔、公用设备。间隔数量按远景规模预排。

（8）分接头挡位以遥测量信息上送。

3. 信息采集范围

（1）遥测信息。反映电网运行状况的电气量和非电气量，具体有电流、电压、功率、频率、主变分接头位置、温度、湿度等。

（2）遥信信息。变电站的一次设备断路器、隔离开关、接地闸刀、变压器、无功电压补偿设备的运行状态信号，二次系统的保护、自动化、通信设备、交直流站用电及其辅助设备的运行状态信号、动作信号、自检信息以及事件记录等。

（3）遥控对象。断路器、电动隔离开关、电动接地闸刀、主变有载调压开关、保护软压板、保护信号复归等。

9.2.2.2 信息分类

变电站信息分为就地专用信息和上传信息两大类。就地专用信息为不上传远方调度或监控中心，仅供现场调试、检修、故障分析、巡视等工作时使用。原则上除就地专用信息外，地县调度自动化系统采集的信息范围与变电站自动化系统的采集的信息范围一致。

上传信息需根据对电网直接影响的轻重缓急程度分为：事故信息、异常信息、变位信息、越限信息、告知信息五类。上传信息分类也适用于变电站监控系统采集的信息分类。

1. 事故信息

事故信息是由于电网故障、设备故障等，引起开关跳闸（包含非人工操作的跳闸）、保护装置动作出口跳合闸的信号以及影响全站安全运行的其他信号。是需实时监控、立即处理的重要信息。

2. 异常信息

异常信息是反应设备运行异常情况的报警信号，影响设备遥控操作的信号，直接威胁电网安全与设备运行，是需要实时监控、及时处理的重要信息。

3. 变位信息

变位信息特指开关类设备状态（分、合闸）改变的信息。该类信息直接反映电网运行方式的改变，是需要实时监控的重要信息。

4. 越限信息

越限信息是反映重要遥测量超出报警上下限区间的信息。重要遥测量主要有设备有功、无功、电流、电压、主变油温、断面潮流等，是需实时监控、及时处理的重要信息。

5. 告知信息

告知信息是反映电网设备运行情况、状态监测的一般信息。主要包括隔离开关、接地闸刀位置信号、主变运行挡位，以及设备正常操作时的伴生信号（如：保护压板投/退、保护装置、故障录波器、收发信机的启动、异常消失信号，测控装置就地/远方等）。该类信息需定期查询。

9.2.2.3 信息命名

在电网一次设备调度命名的基础上，为方便电网设备相关信息的交换、共享、展示，对自动化系统信息名称进行规范性命名。

1. 命名结构

信息命名结构可表示为：电网.厂站/电压.间隔.设备/部件.属性。其中：

（1）带下划线的部分为名称项，小数点"."和正斜线"/"为分隔符。

（2）"电网"指设备所属调度机构对应的电网的名称，电网可分多层描述，当一个厂站内的设备分属不同调度机构时，站内所有设备对应的电网名称应一致，如没有特别指明，选取最高级别的调度机构对应的电网名称。

（3）"厂站"指所描述的发电厂或变电站的名称。

（4）"电压"指电力设备的电压等级，单位为 kV。

（5）"间隔"指变电站或发电厂内的电气间隔名称（或称串）。

（6）"设备"指所描述的电力系统设备名称，可分多层描述。

（7）"部件"指构成设备的部件名称，可分多层描述。

（8）"属性"指部件的属性名称，可以为量测属性、事件信息、控制行为等（如：有功、无功、动作、告警等），由应用根据需要进行定义和解释。

2. 命名规则

（1）命名中的"厂站""设备"等有调度命名的，直接采用调度命名；保护及安全自动装置设备命名按《浙江电网继电保护及安全自动装置设备命名规范》执行；测控装置按"对应一次设备命名"＋"测控装置"进行命名。

（2）自然规则。所有名称项均采用自然名称或规范简称，宜采用中文名称。依据调度命名的习惯，信息表中断路器的信息名称描述为"开关"，隔离开关的信息名称描述为"闸刀"。

（3）唯一规则。同一厂站内的信息命名不重复。

（4）分隔规则。用小数点"."作为层次分隔符，将层次结构的名称项分隔；用正斜线"/"作为定位分隔符，放在"厂站"和"设备"之后。在有的应用场合可以不区分层次分隔符和定位分隔符，可全用"."。

（5）分层规则。各名称项按自然结构分层次排列。如"电网"可按国家电网、区域电网、省电网、地市电网、县电网等；"设备"可分多层，如一次设备及其配套的元件保护设备；"部件"可细分为更小部件，并依次排列。

（6）转换规则。当现有系统的内部命名与命名规范不一致时，与外部交换的模型数据名称需按本规范进行转换。新建调度技术支持系统应直接采用规范命名，减少转换。

（7）省略规则。在不引起混淆的情况下，名称项及其后的层次分隔符"."可以省略，在应用功能引用全路径名作为描述性文字时定位分隔符"/"可省略；但在进行系统之间数据交换时两个定位分隔符"/"不能省略。

9.2.2.4 信息优化处理

1. SOE信号设置

（1）以下五类信号应设置SOE信号。

1）保护出口动作信号。

2）自动装置动作信号。

3）开关位置信号。

4）事故总信号。

5）母线接地信号。

（2）信号是否设置SOE应在信息表中进行标识。

2. 信息显示

（1）信息显示方式应至少包括图形、光字牌、实时事项显示窗以及历史事项检索等。

（2）光字牌选取的原则是至少包括事故、异常两类信号。光字牌应按辖区总光字—变电站总光字—间隔总光字进行分层管理，支持动作/复归、确认/未确认各种状态组合的差异化显示。

（3）在实时事项显示窗内只显示重点信号，SOE信息界面应便于查询。信号应按不同类别在不同区域显示，原则上按下列六个区域显示：

1）事故信息区。

2）异常信息区。

3）变位信息区。

4）遥测越限区。

5）告知信息区。

6）全部信号区：根据职责范围，汇总监控范围内以上五个类别的信号。

（4）事故信号应区别于其他信号，采用不同的音响报警。

3. 信息屏蔽

（1）当变电站间隔和装置检修时，该间隔（装置）上送的遥信、遥测信号、保护软报文应对运行监控人员屏蔽，但不影响自动化调试。

（2）信息屏蔽功能设置应具备全站屏蔽、单间隔屏蔽、单信号屏蔽等方式。

（3）对设备正常运行或操作过程中发出的伴生信号，可采用延时过滤防抖、信号动作次数统计等功能进行过滤，防止误报或重复上报。延迟时间和计次值的设定可根据需要针对不同设备进行设置。

（4）对于设备正常工作过程中发出的信号（如弹簧未储能、控制回路断线等可短时复归的信号），为避免影响设备监视，可在变电站或主站设置延时进行屏蔽。延时时间的设定，要根据设备的具体情况进行设置，对于经延时无法过滤的，按异常信息处理。

（5）被屏蔽的信息应有醒目标识（颜色或标牌）以区别于正常信息，容易被值班员辨识。

9.2.2.5 变电站自动化联调和验收项目

1. 工程设计阶段

（1）设计单位应根据有关规程、现场设备技术资料和监控信息接入要求，编制监控信息表初稿，并作为施工图纸一并提交给工程建设管理部门。监控信息表的设计应保证完整性、正确性和规范性，信息及命名与现场实际情况一致。

（2）对扩建（改建、技改）项目，工程建设管理部门提供原有监控信息接入资料和工程资料，设计单位应根据原有资料编制监控信息表，并对变动部分明确标识。

（3）工程建设管理部门应于新（扩、改）建工程投运前2个月提供监控信息表初稿，由调控中心对监控信息表的规范性、正确性和完整性进行审核，由运维检修部（检修公司）对监控信息接入对应关系的正确性和完整性进行审核。

（4）重大基建（改造）工程，可由调控中心组织相关单位人员，对监控信息表进行集中审核。

2. 监控信息联调准备阶段

（1）调控中心根据审核后的监控信息表调试稿、一次接线图及调度命名正式文件，在信息联调两个工作日前完成主站端图模库维护等工作。

（2）工程建设管理部门根据监控信息表调试稿组织安装调试工作，安装调试单位应在信息联调两个工作日前完成变电站端参数下装及站端调试工作。

（3）新建及整站改造工程，工程建设管理部门应在投运前20个工作日向相关调控中心提交监控信息接入联调申请，并附联调方案、监控信息表、变电站端监控信息调试报告等资料。

（4）改（扩）建工程，工程建设管理部门应在投运前7个工作日向相关调控中心提交监控信息接入联调申请，并附联调方案、监控信息表、变电站端监控信息调试报告等资料。

（5）调控中心应在接到联调申请后2个工作日内给予批复。

3. 监控信息联调验收阶段

（1）根据联调时间和联调方案，调控中心和安装调试单位开展信息联调验收工作。

（2）监控信息联调验收应按电力安全工作规程要求做好相关安全措施。

（3）监控信息联调验收期间，主站和变电站联调验收应由专人负责，联调验收人员应相对固定。主站联调验收须由监控运行人员和自动化运维人员共同参加。

（4）监控信息联调验收应对监控信息逐条核对试验，逐一记录并签名留底，形成联调验收记录表，联调验收过程中主站侧电话应录音。联调验收工作结束后一周内调控中心编制完成主站联调验收报告，安装调试单位编制完成厂站联调报告并上报调控中心。

（5）监控信息联调验收过程中，若发现现场接入信息与监控信息表不一致的情况，安装调试单位应及时上报工程建设管理部门，经相关专业确认，由设计单位出具变更单或调控中心下发信息变更通知后，进行相关信息整改工作。

（6）监控信息联调验收完成后，调控中心应发布监控信息表正式稿。设计单位应将监控信息表正式稿纳入竣工图纸资料。

（7）监控信息联调验收工作应在工程验收结束前全部完成，并作为启动投产的必要条件。

4. 监控信息现场验收阶段

（1）监控信息现场验收列为专业专项验收，验收合格作为变电站竣工验收合格的必要条件。

（2）新建或整站改造的 220kV 变电站应开展专项的监控信息现场验收，验收时间不少于 2 个工作日；110kV 及以下变电站则可结合工程竣工验收进行，验收时间不少于 1 个工作日。

（3）验收资料包括监控信息变电站端调试记录和调试报告、与调度技术支持系统的联调验收报告、监控信息表、验收大纲等。

（4）安装调试单位提出验收申请，由调控中心组织相关单位参加验收。安装调试单位在验收前 10 个工作日提供验收大纲。现场验收按调控中心确认后的验收大纲开展验收工作。

（5）监控信息现场验收的主要内容：监控信息接入满足集中监控运行要求；站端数据库信息与监控信息表信息一致性；现场实际信息接入与信息接入对应关系一致性；变电站监控系统后台信息与传至远动通信工作站信息的一致性；远动通信工作站参数设置正确性；核对变电站端监控信息调试记录和调试报告、与调度技术支持系统的联调验收报告，根据现场实际情况对监控信息进行抽测试验等。

（6）验收结束后应出具验收报告。验收发现的问题应及时整改，主站端问题由调控中心负责，变电站端问题由工程建设管理部门负责督促安装调试单位及时整改，必要时履行设计变更手续。

9.2.2.6 变电站自动化系统校验时的安全技术措施

为杜绝变电站自动化系统在检修、校验、消缺或改造等工作时，误发信息造成自动化主站系统数据跳变、转发省调数据异常等现象的发生，对变电站现场自动化工作提出了相关安全技术措施。

（1）严格执行自动化检修流程的相关管理规定。施工单位应在《自动化检修申请单》中认真填报工作内容及影响范围，影响上送主站信息的自动化工作必须得到相应主站自动化当值人员的工作许可，无申请单的计划性工作不予许可。

（2）现场校验工作内容涉及主变三侧自动化设备加量校验的，工作负责人在加量前和加量后必须联系主站自动化当值人员，当值人员采取相应技术措施。

（3）在工作过程中如需重启远动机，工作负责人必须在每台远动机重启前汇报相关调度自动化当值人员，获得许可后方能进行，每台远动机重启后应立即与相关主站核对各通道数据正确无误。

（4）为确保日均负荷预测准确率数据不受影响，现场汇报重启远动机后，地调自动化当值人员将在 EMS 系统中采取与省调相同的技术措施，确保与省调数据的一致性；若远动机停机时间超过 30min，地调联系省调建议采用封锁或修改公式等技术措施。

（5）严肃自动化工作终结制度。影响信息上送的自动化工作结束后，现场工作负责人必须向自动化当值人员汇报工作情况和处理结果，自动化当值人员做好记录并解除相应技术措施。

9.3 变电站自动化系统校验标准化作业

本部分主要介绍变电站自动化系统校验标准化作业，以及远动、测控装置校验标准化作业。要求掌握变电站自动化系统校验标准化作业流程。

9.3.1 变电站自动化系统校验标准化作业

9.3.1.1 校验前准备工作

（1）调试工作前 7 天做好摸底工作，熟悉工作量，在校验工作前 5 天向调度部门提交相关申请（联调申请、自动化参数申请表）。

（2）在工作前 3 天确定工作内容，需获得设备传送数据的各部门的自动化管理机构的批准。

（3）工作前 2 天准备好施工所需仪器仪表、工器具、材料、资料，本次需要改进的项目及相关技术资料，运行站需找到竣工图纸对比本次改扩建图纸资料，应符合现场实际情况；查看运行、消缺记录；工作中的仪器仪表、工具应为试验合格产品，满足本次工作的要求。

（4）开工前 1 天根据本次作业内容和性质确定好调试人员，根据本次工作的项目，组织作业人员学习作业指导书，使全体作业人员熟悉作业内容、进度要求、作业标准、安全注意事项。要求所有工作人员都明确本次调试工作的作业内容、进度要求、作业标准及安全注意事项。

（5）在自动化系统校验施工前，填写第二种工作票或其他措施票。工作票应填写正确，并按《电业安全工作规程（发电厂与变电站部分）》执行。

9.3.1.2 校验流程

校验流程见图 9-4。

9.3.1.3 危险点及相应的安全控制措施

（1）人身低压电源触电安全控制措施：进入工作现场，必须正确使用劳保用品。明确工作任务及范围，指明带电位置。必须正确使用工具及仪器仪表，所有带电仪器仪表零线必须可靠接地，以防外壳漏电引起低压触电事故。必须使用带漏电保护器的电源传接插座。

（2）工作时造成误合误分开关安全控制措施：工作时防止遥控误动，将屏上"就地/远方"把手置于"就地"位置，断开遥控出口压板。

（3）误入工作间隔安全控制措施：检查被试装置屏上应挂有"在此工作"标示牌，相邻设备应挂有明显的运行标志。

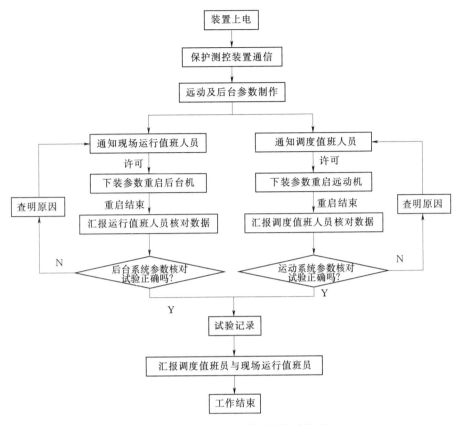

图 9 - 4　变电站自动化系统校验流程

（4）拆动二次接线，有可能造成二次交、直流电压回路短路、开路、接地。安全控制措施：逐一拆除电压回路接线头，并用绝缘胶布包好。用测试仪测电压时，要按 A、B、C、N 的相序逐个接入电压；拆除时，也按 A、B、C、N 的顺序逐个拆除，要保持一定的安全距离，不得有裸露的金属部分相距过近。

（5）表计量程选择不当，有可能造成二次交、直流电压回路短路。安全控制措施：严禁表计量程选择不当或用低内阻电压表测量电压回路。

（6）带电插拔插件，人体静电易造成集成电路损坏。安全控制措施：断开电源后才允许插拔插件，插拔交流插件时应防止交流电流回路，在插入插件时严禁插错插件的位置，插拔集成电路板时，操作人员必须戴防静电手环，并可靠接地。

（7）电流回路开路或失去接地点，易引起人员伤亡及设备损坏。安全控制措施：短接二次电流回路或接入电流表必须使用专用、可靠的短路线或测试线。

（8）拆动二次回路接线，如拆端子外侧接线时，易发生遗漏及误接线事故。安全控制措施：拆电流线或短路线时应由有经验的人负责监护，动作要慢，如有明显打火现象应立即恢复，查找原因。

（9）用维护软件查看设备运行状况时，操作失误易造成误刷新参数及系统配置。安全控制措施：更新运行设备参数时，应首先进行参数备份，如果出现问题及时恢复。查看装置信息时，应在查询状态下进行，以防误修改装置参数。

（10）调试过程中造成装置故障范围扩大的安全控制措施：调试过程中发现问题先查明原因，不要频繁插拔插件，更不要轻易更换芯片，当证实确需更换芯片时，则必须更换经遴选合格的芯片，芯片插入的方向应正确，并保证接触可靠。

（11）调试工作干扰电网调度正常运行的安全控制措施：现场开工前，必须与各相关调度部门取得联系，获得批准后方可进行，工作开始与结束时间必须明确记录。

（12）遥控传动试验操作失误，造成开关错误跳闸或合闸；遥信传动试验操作失误，造成遥信信号错误反应。安全控制措施：禁止未经调度中心值班人员批准就开始工作；禁止同时多路信号同时传送；禁止一个遥信信号传动后未经记录就继续下一个传动；防止误碰其他运行回路；防止造成信号电源回路短路或接地；防止信号输入端断开传动后不恢复。

（13）误碰遥信传动开关，造成遥信误动。装置意外停机或故障。安全控制措施：防止误碰电源及其他开关；防止碰掉接线。

（14）交、直流人身触电，交、直流电源回路短路或接地。安全控制措施：指定专人监护；正确使用劳保用品；明确工作任务及范围；正确使用表计及量程。

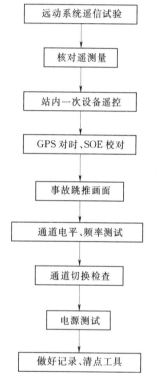

图9-5　远动装置校验流程

（15）远动通道意外中断。安全控制措施：防止检查时松脱电缆和数据线；防止测试时松脱通信通道连接。

（16）电压回路短路或接地，电流回路开路。安全控制措施：严禁表计量程选择不当或用低内阻电压表测量电压回路；卡入钳型电流表动作要轻，防止电流端子松动和开路。

（17）设备运行参数丢失或错误。安全控制措施：更新运行设备参数时，应首先进行参数备份，如果出现问题及时恢复；查看装置信息时，应在查询状态下进行，以防误修改装置参数；防止误记、漏记 TA 变比。

（18）设备意外中断运行。安全控制措施：指定专人监护，防止遗漏检查项目。

9.3.2　远动装置校验标准化作业

9.3.2.1　校验前准备工作
校验前准备工作同 9.3.1.1。

9.3.2.2　校验流程
1. 校验流程图

远动装置校验流程图见图 9-5。

2. 流程具体分析

（1）遥信传动试验：传动前与有关调度做好联系，做好传动记录，传动后将开关恢复原位。

（2）核对遥测：对误差大的遥测量，检查原因，做好记录。

（3）遥控试验：经由调度允许停用遥控直流电源并验电，进行模拟传动；观察 RTU 遥控板执行继电器动作情况，无误后投入遥控电源。

（4）电源测试：检查逆变电源工作状态及电源切换试验。

9.3.3 测控装置校验标准化作业

9.3.3.1 校验前准备工作

（1）准备校验用的仪器设备和工具。校验用的仪器设备和工具主要有：多功能交流采样测试仪、互感器综合测试仪、绝缘电阻表、数字钳形电流表、数字万用表、双钳数字相位表、相序表、手提电脑、打印机、剥线钳、铰钳、电烙铁、扳手和电工胶布等。

（2）熟悉、核对二次回路的设计图纸，并制定校验工作计划。阅读、核对变电站的二次回路设计图纸，包括装置的原理接线图及与之相对应的二次回路安装接线图、电缆编号图、电缆敷设图，以及测控装置技术说明书、试验报告等，掌握设计思路、设备的性能与参数，了解各回路的原理、作用与连接方式。根据厂家的相关技术资料与二次回路的设计要求，编制装置的校验报告范本，并根据工程进度的要求，制定具体的校验工作计划。

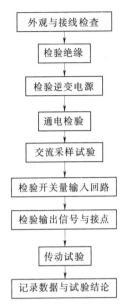

图 9 - 6　测控装置校验流程

9.3.3.2 校验流程

校验流程见图 9 - 6。

9.4　自动化后台参数修改的标准化作业

本部分以深瑞系统为例介绍自动化后台间隔命名更改、电流变比更改的标准化作业项目。要求掌握变电站后台参数的基本修改方法。

9.4.1 增减用户及修改密码

9.4.1.1 备份数据库

打开"数据库维护工具"，在"local"上右键选择"连接服务器"，用户名和初始密码都是 sa，分别在"isa300＋"和"isa300model"上右键选择"备份数据库"，以供改数据库出问题时还原系统（在修改数据库完成后再次做备份）。

9.4.1.2 数据库配置

（1）打开"数据库配置工具"，在"文件"下选择"打开上次连接"，选择用户"sznari"，密码"a"。

（2）打开"系统组态"下的"用户配置"：右键选择"添加用户"，见图 9 - 7。

（3）在"配置用户"对话框中输入用户名，并进行权限选择，初始密码为 123456，见图 9 - 8。

9.4.1.3 修改密码

（1）依次双击 服务器 快捷方式 2 KB 和 HMI客户端 快捷方式 2 KB ，运行后台程序。

图 9-7 添加用户

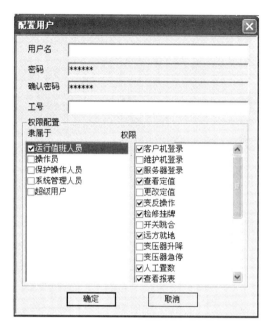

图 9-8 配置用户

（2）在 HMI 客服端下方工具条上选择（左边、钥匙图标）：  ，进

入修改密码对话框，见图 9-9，旧密码为 123456，输入新密码，重启 HMI 客服端程序，密码修改完成。

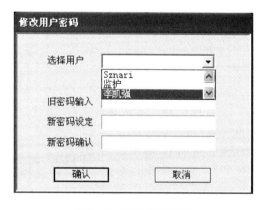

图 9-9 修改用户密码

图 9-10 删除用户

9.4.1.4 删除用户

（1）打开"数据库配置工具"，在"文件"下选择"打开上次连接"，选择用户"sznari"，初始密码"a"。

（2）打开"系统组态"下的"用户配置"：在用户名字上右键选择"删除用户"，见图 9-10。

9.4.2 增加间隔的操作

9.4.2.1 备份数据库

打开"数据库维护工具"，在"local"上右键选择"连接服务器"，用户名和密码都是sa，分别在"isa300＋"和"isa300model"上右键选择"备份数据库"，以供改数据库出问题时还原系统（在修改数据库完成后再次做备份）。

9.4.2.2 数据库配置

（1）打开"数据库配置工具"，在"文件"下选择"打开上次连接"，选择用户"sznari"，密码"a"；选择"厂站配置"下的"间隔配置"，在"间隔配置"上点击右键，选择"增加"，将新增间隔改名为"××间隔"。

（2）在"二次设备配置"上点击右键，选择"增加"，弹出属性对话框见图9-11。

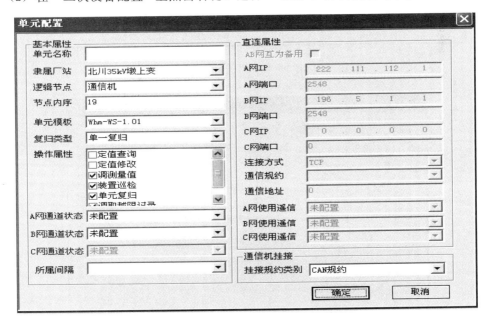

图 9-11 单元配置

1）填写单元名称。

2）选择逻辑节点。

3）选择单元模板。

4）选择所属间隔。

（3）在"××间隔"上点击右键，选择"添加新设备"，点击"××间隔"左边的"＋"，将"新增一次设备"改为"××开关"，在"××开关"上点击右键，选择"导入四遥信号"，弹出"二次设备选择"对话框，选择刚才添加的二次设备，然后"下一步"，在"测点导入"对话框中先选择"遥信量"（这个遥信叫设备遥信，需要关联遥控的必须这样导入），见图9-12；再选择"遥控量"，见图9-13。

（4）在"后台监控系统配置程序"中，再次点击"××间隔"下的"××开关"。

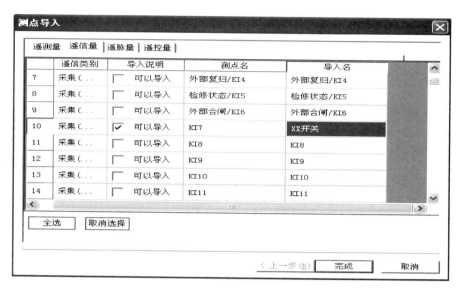

图 9-12 遥信量导入

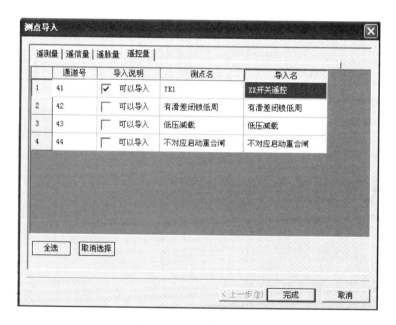

图 9-13 遥控量导入

1）在右下边选择"遥信"，在"1"上双击鼠标左键，弹出"遥信配置"对话框，见图 9-14，选择"设备状态"，然后确定。

2）在右下边选择"遥控"，在"1"上双击鼠标左键，弹出图 9-15 对话框，关联状态信号，保存数据库。

（5）在"后台监控系统配置程序"中，在"××间隔"上点击右键，选择"导入四遥信号"，弹出"二次设备选择"对话框，选择刚才添加的二次设备，然后点击"下一步"。

1）在"测点导入"对话框中先选择"遥测量"，导入需要的遥测，并根据 TA、TV

图 9-14　遥信配置

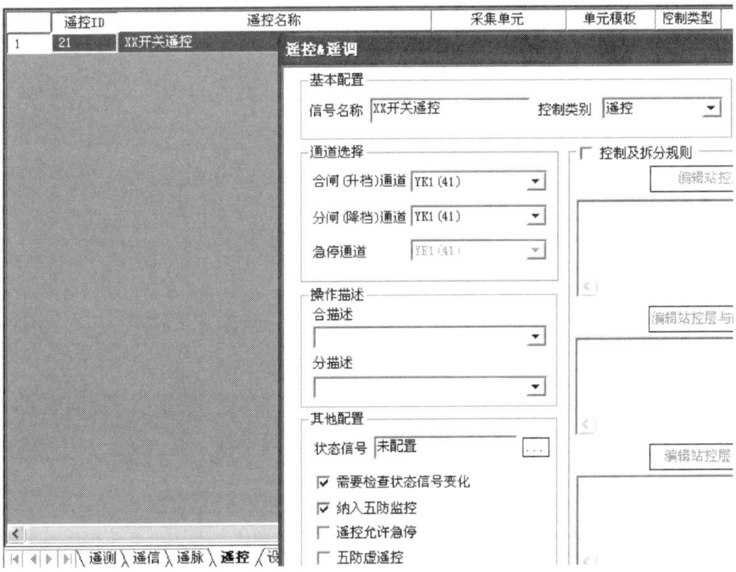

图 9-15　遥控配置

的变比填写 I、U、P、Q 的变比系数。

2）在"测点导入"对话框中先选择"遥信量"，导入需要的遥信信息（这个遥信叫间隔遥信）。

3）在"测点导入"对话框中先选择"遥脉量"，导入需要的遥脉信息。

9.4.2.3 图形组态

（1）打开"图形组态"，在主画面上画出增加的间隔，关联相应的遥测、遥信，然后在"文件"下选择"上载"。

（2）打开"图形组态"，在"保护操作图"上画出增加的保护，关联通信状态和保护设备。

9.4.2.4 前置机配置

（1）打开"前置机配置工具"，点击"允许编辑（√）"，挂接增加的装置。

（2）转发表集—转发表1—信号配置，在"信号配置"上点击右键，选择"生成后台转发表"。

（3）转发表集—转发表2—信号配置，在右边分别选择遥测、遥信、遥控、遥脉，将增加间隔的遥测、遥信、遥控、遥脉，拖到最后，之前的转发表顺序不能改变。

（4）物理信息—ISA301C1，右键选择"生成配置文件"，再次右键选择"下传配置文件"，下传完成后，在ISA301C通信机上，按"确定"键，进入"调试"菜单，选择"传送文件"，直接按"确定"，传送完成后断电重启301C装置。

（5）转发表集—转发表2信号配置，右键选择"生成转发表文本文件"，通过有下边的信息提示，在安装目录下找到转发表文本，通知调度增加遥测、遥信、遥控、遥脉。

（6）重启后台程序，备份数据库，增加间隔完成。

9.4.3 修改线路名称

如要将110kV西新线改名为西南线，按如下步骤进行。

9.4.3.1 备份数据库

打开"数据库维护工具"，在"local"上右键选择"连接服务器"，用户名和密码都是sa，分别在"isa300＋"和"isa300model"上右键选择"备份数据库"，以供改数据库出问题时还原系统（在修改数据库完成后再次做备份）。

9.4.3.2 数据库配置

（1）打开"数据库配置工具"，在"文件"下选择"打开上次连接"，选择用户"sznari"，密码"a"。

（2）"厂站配置"—"新生变"—"二次设备配置"，双击"110kV西新线151保护装置"，弹出单元配置对话框，见图9-16，将"110kV西新线151保护装置"改为"110kV西南线151保护装置"。

（3）"厂站配置"—"新生变"—"间隔配置"：将"110kV西新线151间隔"改为"110kV西南线151间隔"。

9.4.3.3 图形组态

（1）打开"图形组态"工具，连接服务器，选择用户"sznari"，密码"a"。

（2）"监控接线"—"主接线"：将西新线改为西南线，如果有分画面或气态画面有"西新线"（见图9-17），用同样的方法修改为"西南线"。

（3）修改完成后，在"文件"内选择"上载"，如改了多个画面，选择"全部上载"，

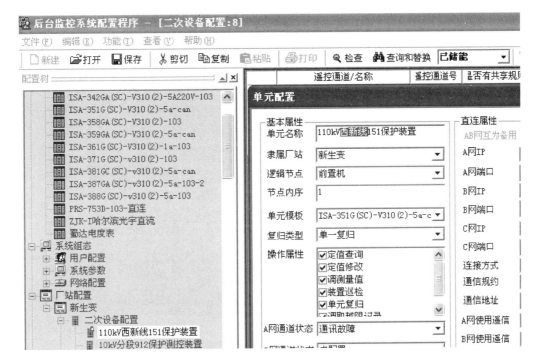

图 9-16 单元配置

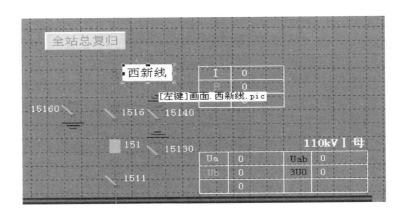

图 9-17 图形组态修改

见图 9-18。

（4）退出重启后台程序（"服务器"和"客服端"）即可。

9.4.4 修改变比

9.4.4.1 备份数据库

打开"数据库维护工具"，在"local"上右键选择"连接服务器"，用户名和密码都是 sa，分别在"isa300＋"和"isa300model"上右键选择"备份数据库"，以供改数据库出问题时还原系统（在修改数据库完成后再次做备份）。

图 9-18　图形上载

图 9-19　选择间隔

9.4.4.2　数据库配置

（1）打开"数据库配置工具"，在"文件"下选择"打开上次连接"，选择用户"sznari"，密码"a"。

（2）"厂站配置"—"新生变"—"间隔配置"：选择需要修改变比的间隔，如：10kV 馈线 911 间隔，见图 9-19。

原有电流变比为 600∶5，如果需要修改为 400∶5，则将电流变比系数改为 80，对应将 P、Q 的变比系数改为 0.08，见图 9-20。

	遥测 ID	遥测名称	变比系数
1	84	I_a	120.000000
2	85	I_b	120.000000
3	86	I_c	120.000000
4	87	P	0.012000
5	88	Q	0.012000
6	89	cos	1.000000

图 9-20　变比修改

（3）保存数据库，退出重启后台程序（"服务器"和"客服端"）即可。

参 考 文 献

［1］ 朱松林，张劲，吴国威．变电站计算机监控系统及其应用［M］．北京：中国电力出版社，2008.

［2］ 陈安伟，朱松林，乐全明，等．IEC61850 在变电站中的工程应用［M］．北京：中国电力出版社，2012.

［3］ 周立红．变电站综合自动化技术问答［M］．北京：中国电力出版社，2008.

［4］ 吴在军，胡敏强．基于 IEC61850 标准的变电站自动化系统研究［J］．电网技术，2003（10）：61－65.

［5］ 张璐．变电站自动化功能设计原则［J］．消费电子，2013（20）：20.

［6］ 岳彬，屠影．变电站监控系统设计浅析［J］．中国高新技术企业，2011（1）：121－122.

［7］ 刘宝童．对变电站综合自动化系统的研究［J］．科技与生活，2012（23）：225.

［8］ 赵祖康，徐石明．变电站自动化技术综述［J］．电力自动化设备，2000（1）：38－42.